高职高专机电类系列教材

电工技能实训教程

第2版

主　编　杨小庆　刘　韵
副主编　张　娅　戴明川　兰　扬
参　编　邓世平　吴　震　何泽歆　雷　宇
主　审　任艳君

机 械 工 业 出 版 社

本书是一本以电工职业技能要求为教学目标的实训教程，体现以“电工职业标准”为依据、以岗位职业技能为导向的编写原则。全书按照职业标准，由浅入深，共设置了19个实训项目，主要内容有：电工安全与急救知识、常用电工工具的使用与导线连接、日常民用电路的安装、常用电子电气元器件的检测、智能抢答器的设计与实现、低压电器及三相异步电动机的拆装检修、三相异步电动机接触器简单控制、三相异步电动机接触器自锁控制、三相异步电动机接触器联锁正反转控制、三相异步电动机的顺序控制、三相异步电动机的多地控制、三相异步电动机Y-△减压起动、三相异步电动机自耦变压器减压起动、工作台自动往返控制、Z3050型摇臂钻床的电气控制与故障检修、X62W型铣床的电气控制与故障检修、T68型镗床的电气控制与故障检修、三相异步电动机连续运行的PLC控制以及艺术灯循环点亮的PLC控制，涵盖“电工职业标准”中“基本电子电路装调维修、电器设备（装置）装调维修、继电控制电路装调维修以及自动控制电路装调维修”4大版块内容。可以满足初、中、高各个等级需求。

本书可作为高职院校工科学生电工技能培训和电工职业技能考证培训的教学用书，也可供技工院校师生和电工从业人员以及工程技术人员学习参考。

本书配有电子课件、课程标准、教学计划、实操视频、附录测试题答案等，凡选用本书作为授课教材的学校均可来电索取。咨询电话：010-88379375。

图书在版编目（CIP）数据

电工技能实训教程/杨小庆，刘韵主编. —2版. —北京：机械工业出版社，2020.6（2025.1重印）
高职高专机电类系列教材
ISBN 978-7-111-65957-0

Ⅰ.①电…　Ⅱ.①杨…②刘…　Ⅲ.①电工技术-高等职业教育-教材
Ⅳ.①TM

中国版本图书馆CIP数据核字（2020）第109944号

机械工业出版社（北京市百万庄大街22号　邮政编码100037）
策划编辑：于　宁　责任编辑：于　宁
责任校对：张　薇　封面设计：陈　沛
责任印制：张　博
北京建宏印刷有限公司印刷
2025年1月第2版第6次印刷
184mm×260mm · 11.5印张 · 282千字
标准书号：ISBN 978-7-111-65957-0
定价：35.00元

电话服务　　　　　　　　　网络服务
客服电话：010-88361066　　机　工　官　网：www.cmpbook.com
　　　　　010-88379833　　机　工　官　博：weibo.com/cmp1952
　　　　　010-68326294　　金　书　网：www.golden-book.com
封底无防伪标均为盗版　　机工教育服务网：www.cmpedu.com

前言

本书依据国家人力资源和社会保障部发布的“电工职业标准”中针对初、中、高级职业等级考核所要求的技术理论和操作技能，结合高职院校工科学生掌握电工岗位操作技能和获取职业技能等级证书需要，并与格力电器（重庆）有限公司合作，以项目驱动的工程实训项目为线索，结合企业生产实际及对人才的实际需求而共同编写。

全书按照职业标准由浅入深，共汇集19个具体的工程操作实训项目，主要内容有：电工安全与急救知识、常用电工工具的使用与导线连接、日常民用电路的安装、常用电子电气元器件的检测、智能抢答器的设计与实现、低压电器及三相异步电动机的拆装检修、三相异步电动机接触器简单控制、三相异步电动机接触器自锁控制、三相异步电动机接触器联锁正反转控制、三相异步电动机的顺序控制、三相异步电动机的多地控制、三相异步电动机Y-△减压起动、三相异步电动机自耦变压器减压起动、工作台自动往返控制、Z3050型摇臂钻床的电气控制与故障检修、X62W型铣床的电气控制与故障检修、T68型镗床的电气控制与故障检修、三相异步电动机连续运行的PLC控制以及艺术灯循环点亮的PLC控制，涵盖“电工职业标准”中“基本电子电路装调维修、电器设备（装置）装调维修、继电控制电路装调维修以及自动控制电路装调维修”4大版块内容。书中每个项目包含学习要点、项目描述、项目实施、考核要点、相关知识点及能力拓展6个方面的内容，且每个实训项目都有一项或几项明确的目标任务，都有具体的操作方法和详细的考核目标，既能达到电工职业技能培养的要求，也适用于职业技能等级证书的考核能力培养，对学生的创新和能力拓展也有引导。

本书可作为高职院校工科学生电工技能培训和电工职业技能考证培训的教学用书，也可供技工院校师生和电工从业人员以及工程技术人员学习参考。

本书实训项目1、2、3、8、11、14由杨小庆编写；实训项目4由邓世平编写；实训项目5和9由戴明川编写；实训项目6由吴震编写；实训项目7和13由兰扬编写；实训项目18和19由张娅编写；实训项目15、16、17由刘韵编写；实训项目12由何泽歆编写；实训项目10由雷宇编写；附录由刘韵编写。格力电器（重庆）有限公司的吴海明高级工程师对实训项目的设置进行了指导，并参与各项目中实训任务的编写工作。本书由杨小庆、刘韵主编并负责统稿。

本书由任艳君教授主审，任教授肯定了本书的特色，并提出了宝贵的意见和建议，编者在此表示衷心的感谢。此外，本书编写过程中翻阅了大量的参考资料和国家职业标准资料，也得到了许多企业工程技术人员、技师和工程师们的指导和帮助，在此一并表示诚挚的谢意。

限于编者水平和实践经验，书中难免存在缺点和不足之处，恳请广大读者批评、指正。

编　者

目录

实训项目1 电工安全与急救知识

1.1 学习要点

1）了解电工应具备的条件、其主要任务以及人身安全常识。

2）掌握安全用电知识、触电急救知识与急救方法。

1.2 项目描述

1）通过更换室内荧光灯管的实训，让学生掌握基本的安全用电技能。

2）通过触电事故中的脱电演练，让学生具备判断触电情况，并选择正确脱电方式的技能。

3）通过对触电脱电后的触电者进行触电急救演练，让学生具备判断触电者的触电情况，并选择正确急救方法的技能。

1.3 项目实施

1.3.1 更换室内荧光灯管

任务内容：更换室内荧光灯管。

1. 编制器材明细表

该实训任务所需器材见表1-1。

表1-1 更换室内荧光灯管所需器材明细表

序号	名称	规格	数量	备注
1	荧光灯管	25W	1套	
2	梯子或椅子		1架或1把	
3	绝缘胶鞋		1双	

2. 安装前的检查与准备

1）确认安装环境符合电工操作要求。

2）穿上绝缘胶鞋，确认绝缘胶鞋符合安全要求。

3. 实施步骤

1）确认荧光灯开关已经断开。

2）将梯子或椅子放到灯下方，爬上梯子或站上椅子。

3）将已坏荧光灯管从灯座中轻轻取出，再将新的荧光灯管两端轻轻插入荧光灯座中对应位置。

4）通电。打开荧光灯开关，检验荧光灯的安装情况。若荧光灯没亮，则应仔细检查荧光灯与灯座的接触情况、启动器与启动器座的接触情况，适当调整至荧光灯管成功点亮。

4. 整理器材

实训完成后，整理好所用器材、工具，按照要求放置到规定位置。

1.3.2 脱电演练

任务内容：触电事故中的脱电演练。

1. 编制器材明细表

该实训任务所需器材见表 1-2。

表 1-2 脱电演练器材明细表

序号	名　称	规　格	数　量	备　注
1	电器		1个	不带电
2	模拟触电假人		1个	
3	电工钳		1把	带绝缘柄
4	斧头		1把	带干燥木柄
5	木棒		1根	一定是干燥的
6	梯子		1个	
7	电线		若干	
8	木板		若干	
9	裸金属线		若干	
10	绝缘手套		1副	
11	绝缘胶鞋或绝缘靴		1双	

2. 演练过程

(1) 低压触电脱电演练过程

1）模拟触电

用模拟触电假人模拟触电者在使用低压电器过程中突然触电，触电后倒在电器附近。

2）判断并选择脱电方式

不同的触电情况应采取不同的脱电方式见表 1-3。

(2) 高压触电脱电演练过程

1）模拟触电

模拟触电者爬上梯子，模拟实施高压电操作，在操作中发生触电现象，倒在梯子上，身上覆盖有高压电线

表 1-3 不同的触电情况所对应的脱电方式

序号	触电情况	脱电方式
1	触电地点附近有电源开关	拉:可立即拉开开关,断开电源
2	触电地点附近没有电源开关	切:用有绝缘柄的电工钳或有干燥木柄的斧头砍断电线,断开电源
3	电线搭落在触电者身上或被压在身下	挑:用干燥的衣服、手套、绳索、木板、木棒等绝缘物作为工具,拉开触电者或挑开电线,使触电者脱离电源
4	触电者的衣服是干燥的,又没有紧缠在身上	拽:可以用一只手抓住他的衣服,拉离电源。但因触电者的身体是带电的,其鞋的绝缘也可能遭到破坏,救护人不得接触触电者的皮肤,也不能抓他的鞋
5	干燥木板等绝缘物能迅速插入到触电者身下	垫:用干木板等绝缘物插入触电者身下,以隔断电源

2）脱电操作过程

① 立刻通知有关部门进行断电操作。

② 迅速戴上绝缘手套，穿上绝缘靴，用相应电压等级的绝缘工具拉开开关。

③ 用单手抛掷裸金属线使线路短路接地，迫使保护装置动作，断开电源。

注意：抛掷裸金属线前，先将裸金属线的一端可靠接地，然后抛掷另一端；抛掷的一端不可触及触电者和其他人。

④ 在成功使触电者脱电后要迅速保护触电者，防止他从高处摔伤。

3. 整理器材

实训完成后，整理好所用器材、工具，按照要求放置到规定位置。

1.3.3 触电急救演练

任务内容：对触电脱电后的触电者进行触电急救演练。

1. 编制器材明细表

仿真人一个。

2. 演练过程

1）判断触电者的触电情况，选择急救方法。不同的触电者情况所对应的急救方法见表 1-4。

表 1-4 不同的触电者情况所对应的急救方法

序号	触电者情况	急救方法
1	呼吸停止	通畅气道、口对口(鼻)人工呼吸
2	呼吸心跳均停止	心肺复苏法:通畅气道、口对口(鼻)人工呼吸、胸外按压(人工循环)

2）对触电者进行心肺复苏操作演练

① 通畅气道演练 1 次。

② 人工呼吸演练 5 次。

③ 胸外按压演练 5 次。

④ 抢救过程中再判定演练 2 次。

3. 整理器材

实训完成后，整理好所用器材、工具，按照要求放置到规定位置。

1.4 考核要点

1. 更换室内荧光灯管考核

检查是否按照要求正确更换荧光灯管，是否时刻注意遵守安全规定，荧光灯管是否正确点亮。

2. 脱电演练

检查学生在脱电演练中是否按照正确的方法进行，有没有出现错误的脱电方式。

3. 触电急救演练

检查学生在触电急救演练中是否按照正确的姿势和方法进行，急救中再判断是否合理。

4. 成绩评定

根据以上考核要点对学生进行成绩评定，参见表1-5，给出该项目实训成绩。

表1-5 实训成绩评定表

实训项目内容	分值/分	考核要点及评分标准	扣分	得分
更换室内荧光灯管	30	未按要求更换荧光灯管，每处扣5分		
		荧光灯不能正确点亮，扣15分		
脱电演练	30	未按正确的方法进行脱电演练，每处扣5分		
		脱电方式选择错误，每错一次扣5分		
触电急救演练	30	触电急救姿势不对，每处扣5分		
		触电急救方法不对，每处扣5分		
		触电急救再判定不对，每次扣5分		
安全、规范操作	5	每违规一次扣2分		
整理器材、工具	5	未将器材、工具等放到规定位置，扣5分		
学　时	4学时	综合成绩		

1.5 相关知识点

1.5.1 电工应具备的条件

1）必须身体健康，经医生鉴定无妨碍工作的疾病。凡患有较严重高血压、心脏病、气管喘息等疾病，患神经系统疾病，色盲、听力和嗅觉障碍，以及四肢功能有严重障碍者，不能从事电工工作。

2）必须懂得触电急救方法、人工呼吸法和电气防火及救火等安全知识。

3）必须通过相关部门组织的知识、技能考试，合格后获得“电工职业技能等级证书”。

1.5.2 电工的主要任务

1）照明线路和照明装置的安装；动力线路和各类电动机的安装；各种生产机构电气线路的安装。

2）各种电气线路、电气设备、各类电动机的日常保养、检查与维修。

3）根据设备的管理要求，针对设备的重复故障部位，进行必要的改进。

4）安装、调试和维修与生产过程自动化控制有关的电子电气设备。

1.5.3　电工人身安全常识

1）在进行电气设备安装和维修操作时，现场至少应有两名经过电气安全培训并考试合格的电工人员，必须严格遵守各种安全操作规程和规定，不得玩忽职守。

2）操作时要严格遵守停电操作的规定，要切实做好防止突然送电的各项安全措施。如挂上“有人工作，不许合闸！”的警示牌，锁上配电箱或取下总电源熔断器等。

3）在邻近带电部分操作时，要保证有可靠的安全距离。

4）操作前应仔细检查操作工具的绝缘性能，如绝缘胶鞋、绝缘手套等安全用具的绝缘性能是否良好，有问题的应立即更换，并要定期进行检查。

5）登高工具必须安全可靠，未经登高训练的，不准进行登高作业。

6）如发现有人触电，要立即采取正确的脱电措施。

1.5.4　设备运行安全常识

1）设备运行应以安全为主，全面执行“安全、可靠、经济、合理”的八字方针。

2）进行各项电气工作时，要认真严格执行“装得安全、拆得彻底、检查经常、修得及时”的规定。对于已出现故障的电气设备、装置及线路，不得继续使用，以免事故扩大，必须及时进行检修。

3）必须严格按照设备操作规程进行操作。如接通电源时，必须先闭合隔离开关，再闭合负荷开关；断开电源时，应先切断负荷开关，再切断隔离开关。

4）当需要切断故障区域电源时，要尽量缩小停电范围。有分路开关的，要尽量切断故障区域的分路开关，避免越级切断电源。

5）电气设备要有防止雨雪、水气侵袭的措施。电气设备在运行时会发热，因此，必须有良好的通风条件，有的还要有防火措施。有裸露带电的设备，特别是高压电气设备，要有防止小动物进入造成短路事故的措施。

6）所有电气设备的金属外壳，都应有可靠的保护接地措施。凡有可能被雷击的电气设备，都要安装防雷设施。

1.5.5　安全用电和消防常识

安全用电是指在使用电气设备的过程中如何防止电气事故及保证人身和设备的安全。电气事故按形成的原因可分为人为事故和自然事故。所谓人为事故，是指因违反安全操作规则而引起的人身伤亡或设备损坏；自然事故是指非人为原因而引起的事故，比如设备绝缘老化引起漏电，甚至导致火灾，静电火花引起爆炸，以及雷击产生的破坏等。

1. 安全用电常识

1）严禁用一线一地安装用电器具。

2）在一个电源插座上不允许接过多或功率过大的用电器具和设备。

3）未掌握有关电气设备和电气线路知识的人员，不可安装和拆卸电气设备及线路。

4）严禁用金属丝去绑扎电源线。

5）不可用潮湿的手和湿布接触带电的开关、插座及具有金属外壳的电气设备。

6）堆放物资、安装其他设备或搬移各种物体时，必须与带电设备或带电导体相隔一定的安全距离。

7）严禁在电动机和各种电气设备上放置衣物，不可在电动机上坐、立，不可将雨具等物品挂在电动机或电气设备的上方。

8）在搬移电焊机、鼓风机、电风扇、洗衣机、电视机、电炉和电钻等可移动电器时，要先切断电源，不可拖拉电源线来移动电器。

9）在潮湿的环境中使用可移动电器时，必须采用额定电压36V及以下的低压电器。若采用额定电压为220V的电气设备时，必须使用隔离变压器。在金属容器及管道内使用移动电器时，应使用12V的低压电器，并要加接临时开关，还要有专人在该容器外监视。低电压的移动电器应装特殊型号的插头，以防误插入220V或380V的插座内。

10）在雷雨天气，不可走近高压电杆、铁塔和避雷针的接地导线周围，以防雷电伤人。切勿走近断落在地面上的高压电线，万一进入跨步电压危险区时，要立即单脚或双脚并拢迅速跳到离开接地点10m以外的区域，切不可奔跑，以防跨步电压伤人。

2. 消防知识

1）电气设备发生火灾时，着火的电器、线路可能带电，为防止火情蔓延和灭火时发生触电事故，应立即切断电源。

2）因生产不能停电或因其他需要不允许断电，必须带电灭火时，必须选择不导电的灭火剂，如二氧化碳灭火器、1211灭火器、二氟二溴甲烷灭火器等进行灭火。灭火时，救火人员必须穿绝缘胶鞋，戴绝缘手套。若变压器、油开关等电器着火后，会有喷油和爆炸的可能，必须在切断电源后灭火。

3）用不导电灭火剂灭火时要求：10kV电压，喷嘴至带电体的最短距离不应小于0.4m；35kV电压，喷嘴至带电体的最短距离不应小于0.6m。

1.5.6 触电急救知识

1. 电流对人体的伤害

电流对人体伤害的程度与电流通过人体的大小、持续的时间、流经的途径以及电流的种类等多种因素有关。

（1）伤害程度与电流大小的关系

通过人体的电流越大，人体的生理反应越明显，伤害越严重。对于工频交流电，按通过人体电流强度的不同以及人体呈现的反应不同，将作用于人体的电流划分为以下三级。

1）感知电流和感知阈值。感知电流是指电流流过人体时可引起感觉的最小电流，感知电流的最小值称为感知阈值。对于不同的人，感知电流及感知阈值是不同的。成年男性平均感知电流约为1.1mA（有效值，下同）；成年女性约为0.7mA。对于正常人体，感知阈值平均为0.5mA，它与时间因素无关。感知电流一般不会对人体造成伤害，但可能因不自主反应而导致由高处跌落等二次事故。

2）摆脱电流和摆脱阈值。摆脱电流是指人在触电后能够自行摆脱带电体的最大电流，摆脱电流的最小值称为摆脱阈值。通常认为摆脱电流为安全电流。成年男性平均摆脱电流约为 16mA，成年女性约为 10.5mA；成年男性摆脱阈值约为 9mA，成年女性约为 6mA；儿童的摆脱电流较成人要小。对于正常人体，摆脱阈值平均为 10mA，与持续时间无关。

3）室颤电流和室颤阈值。室颤电流是指引起心室颤动的最小电流，其最小电流即室颤阈值。由于心室颤动极有可能导致死亡，因此，可以认为，室颤电流即致命电流。室颤电流与电流持续时间关系密切，当电流持续时间超过心脏周期时，室颤电流仅为 50mA 左右；当电流持续时间短于心脏周期时，室颤电流为数百毫安。

（2）伤害程度与电流持续时间的关系

通过人体电流的持续时间愈长，愈容易引起心室颤动，危险性就愈大。

（3）伤害程度与电流途径的关系

电流通过心脏会引起心室颤动，电流较大时会使心脏停止跳动，从而导致血液循环中断而死亡；电流通过中枢神经或有关部位，会引起中枢神经严重失调而导致死亡；电流通过头部会使人昏迷，或对脑组织产生严重损坏而导致死亡；电流通过脊髓，会使人瘫痪等。上述伤害中，以心脏伤害的危险性为最大。

（4）伤害程度与电流种类的关系

工频 50Hz 电流对人体的伤害程度最大，100Hz 以上交流电流、直流电流、特殊波形电流也都对人体具有伤害作用。

2. 触电事故的类型

（1）电击

电击是电流对人体内部组织造成的伤害，是最危险的一种伤害。按照人体触及带电体的方式和电流通过人体的途径，电击触电可分为三种情况。

1）单相触电。指人体接触到地面或其他接地导体的同时，人体另一部位触及某一相带电体所引起的电击。发生电击时，若所触及的带电体为正常运行的带电体，则这种电击称为直接接触电击；当电气设备发生事故时，例如在绝缘损坏、造成设备外壳意外带电的情况下，人体触及意外带电体所发生的电击称为间接接触电击。对于高电压，人体虽然没有触及，但因超过了安全距离，高电压对人体产生电弧放电，也属于单相触电。

2）两相触电。指人体的两个部位同时触及两相带电体所引起的电击。此时，人体所承受的电压为三相系统中的线电压。因电压相对较大，其危险性也较大。

3）跨步电压触电。当电网或电气设备发生接地故障时，流入地中的电流在土壤中形成电位，地表面也形成以接地点为圆心的径向电位差分布。如果人行走时前后两脚间（一般按 0.8m 计算）电位差达到危险电压而造成的触电，称为跨步电压触电。

（2）电伤

电伤是电流转变成其他形式的能量造成的人体伤害，包括电能转化成热能造成的电弧烧伤、电烧伤，电能转化成化学能或机械能造成的电标志、皮肤金属化及机械损伤、电光眼等。

1）电弧烧伤。电弧烧伤是当电气设备的电压较高时产生的强烈电弧或电火花，会烧伤人体，甚至击穿人体的某一部位，而使电弧电流直接通过内部组织或器官，造成深部组织烧死，一些部位或四肢烧焦。电弧烧伤一般不会引起心脏纤维性颤动，而更为常见的是人体由于呼吸麻痹或人体表面的大范围烧伤而死亡。

2）电烧伤。电烧伤又叫电流灼伤，是人体与带电体直接接触，电流通过人体时产生的热效应的结果。在人体与带电体的接触处，接触面积一般较小，电流密度可达很大数值，又因皮肤电阻较体内组织电阻大许多倍，故在接触处产生很大的热量，致使皮肤灼伤。只有在大电流通过人体时才可能使内部组织受到损伤，但高频电流造成的接触灼烧可使内部组织严重损伤，而皮肤却仅有轻度损伤。

3）电标志。电标志也称电流痕记或电印记。它是由于电流流过人体时，在皮肤上留下的青色或浅黄色斑痕，常以搔伤、小伤口、疣、皮下出血、茧和点刺花纹等形式出现，其形状多为圆形或椭圆形，有时与所触及的带电体形状相似。受雷电击伤的电标志图形颇似闪电状。

4）皮肤金属化。皮肤金属化常发生在带负荷拉断路开关或刀开关所形成的弧光短路的情况下。此时，被熔化了的金属微粒四处飞溅，如果撞击到人体裸露部分，则渗入皮肤上层，形成表面粗糙的灼伤。经过一段时间后，损伤的皮肤完全脱落。若在形成皮肤金属化的同时伴有电弧烧伤，情况就会严重些。

5）机械损伤。机械损伤是指电流通过人体时产生的机械-电动力效应，使肌肉发生不由自主地剧烈抽搐性收缩，致使肌腱、皮肤、血管及神经组织断裂，甚至使关节脱位或骨折。

（3）电光眼

电光眼是指眼球外膜（角膜或结膜）因受紫外线或红外线照射发炎。一般 4～8h 后发作，眼睑皮肤红肿，结膜发炎，严重时角膜透明度受到破坏，瞳孔收缩。

3. 触电事故的规律

触电事故往往发生得很突然，而且会在极短的时间内造成极为严重的后果，但不应认为触电事故是不能防止的。为了防止触电事故，应当研究触电事故的规律，以便制定有效的安全措施。根据对触电事故的分析，从触电事故发生率上看可以找到如下规律：六至九月触电事故多；低压设备触电事故多；携带式设备和移动式设备触电事故多；电气连接部位触电事故多；农村触电事故多；冶金、矿业、建筑、机械行业触电事故多；违反操作规程或误操作触电事故多；伪劣电器触电事故多。

4. 急救方法

（1）畅通气道

触电者口中有异物时，将触电者身体及头部同时侧转，迅速用一个手指或用两手指交叉从口角处插入，取出异物，防止将异物推向深处。

采用仰头抬颌法时，用一只手放在触电者前额，另一只手的手指将其下颌骨向上抬起，两手协同将头部推向后仰，舌根随之抬起，气道即可通畅，如图 1-1a 所示。严禁用枕头或其他物品垫在伤员头下，头部抬高前倾，会更加重气道阻塞，且使胸外按压时流向脑部的血流减少，甚至消失。

（2）人工呼吸

在保证伤员气道通畅的同时，救护人员用放在伤员前额上的手指捏住伤员鼻翼，救护人员深吸气后，与伤员口对口紧合，在不漏气的情况下，先连续大口吹气两次，如图 1-1b、c 所示，每次 1～1.5s。如果两次吹气后试测颈动脉仍无搏动，可判定心跳已经停止，要立即同时进行胸外按压。

除开始时大口吹气两次外，正常口对口（鼻）呼吸的吹气量不需过大，以免引起胃膨胀，吹气和放松时要注意伤员胸部应有起伏的呼吸动作。吹气时如有较大阻力，可能是头部后仰不够，应及时纠正。

触电伤员如牙关紧闭，可进行口对鼻人工呼吸。口对鼻人工呼吸吹气时，要使伤员嘴唇紧闭，防止漏气。

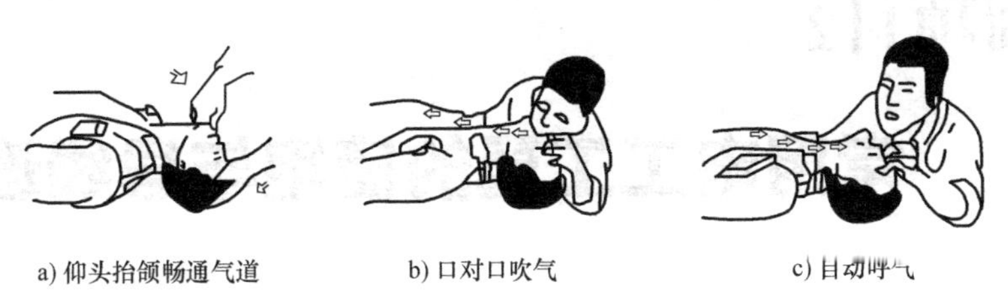

a) 仰头抬颌畅通气道　　b) 口对口吹气　　c) 自动呼气

图 1-1　口对口人工呼吸法示意图

（3）胸外心脏按压

首先确定正确按压位置（图 1-2a）。将右手食指和中指沿伤员的右侧肋弓下缘，找到肋骨和胸骨结合处的中点，用两手指并齐，中指放在剑突处，食指放在胸骨下部，另一只手用掌根紧挨食指上部，放于胸骨上，如图 1-2b 所示。

按压时注意，伤者应仰面躺在平硬的地方，救援人员或立或跪在伤员的一侧肩旁，在伤员的胸骨正上方，救援人员双臂伸直，双手掌根相叠，手指翘起，以髋关节为支点用上身的重量垂直将胸骨压陷 3~5cm 后立即全部放松。然后采用正确的按压姿势对伤者进行按压。

操作频率：胸外按压要以均匀速度进行，每分钟 80 次左右，每次按压（如图 1-2c）和放松（如图 1-2d）的时间相等。胸外按压与口对口（鼻）人工呼吸同时进行，其节奏为：单人抢救时，每按压 15 次后吹气 2 次（15∶2），反复进行；双人抢救时，每按压 5 次后由另一人吹气 1 次（5∶1），反复进行。

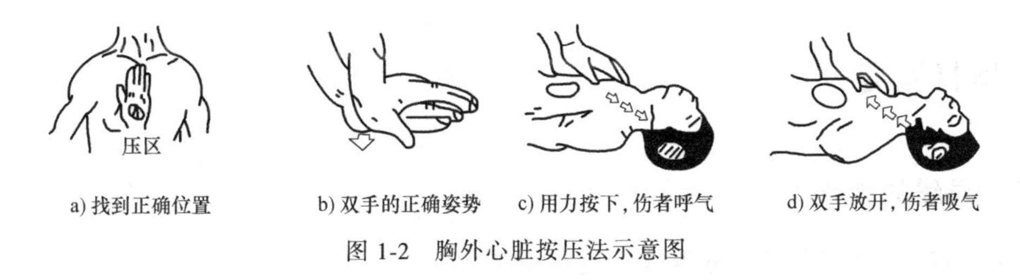

a) 找到正确位置　　b) 双手的正确姿势　　c) 用力按下，伤者呼气　　d) 双手放开，伤者吸气

图 1-2　胸外心脏按压法示意图

（4）抢救过程中的再判定

按压吹气 1min 后（相当于单人抢救时做了 4 个 15∶2 压吹循环），应用看、听、试方法在 5~7s 内完成对伤员呼吸和心跳是否恢复的再判定。若判定颈动脉已有搏动但无呼吸，则暂停胸外按压，再进行 2 次口对口人工呼吸，接着每 5s 吹气一次（即每分钟 12 次）；如脉搏和呼吸均未恢复，则继续坚持心肺复苏法抢救。在抢救过程中，要每隔数分钟再判定一次，每次判定时间均不得超过 5~7s。在医务人员来接替抢救前，现场抢救人员不得放弃抢救。

1.6　能力拓展

组织学生讨论所居住场所如何安全用电、触电急救方法与消防安全。

任务目标：讨论居住场所安全用电注意事项、触电急救方法以及消防安全注意事项等。

实训项目2 常用电工工具的使用与导线连接

2.1 学习要点

1）掌握常用电工工具的使用方法。

2）掌握各种导线的规范连接方法。

2.2 项目描述

1）通过导线的加长连接和T形连接操作实训，让学生具备识别和使用各种电工工具以及对导线进行连接的技能。

2）通过安装室内白炽灯和插座的实训，让学生具备绘制工程原理图、编制器材明细表、绘制工程布局布线图和现场安装的技能。

2.3 项目实施

2.3.1 导线的连接

任务内容：导线的加长连接和T形连接操作。

1. 编制器材明细表

该实训任务所需器材见表2-1。

表2-1 导线连接所需器材明细表

序号	名 称	规 格	数 量	备 注
1	铝芯线	$1.5mm^2$	若干	
2	铜芯线	$1.5mm^2$	若干	
3	铜多芯线	$2mm^2$	若干	
4	电工胶布		若干	

2. 实施步骤

1）反复练习单芯导线的加长连接和T形连接，并进行绝缘处理。

2）反复练习多芯导线的加长连接和T形连接，并进行绝缘处理。

3. 检查

连接点的接触良好、强度足够大，绝缘符合要求。

4. 整理器材

实训结束后，整理好本次实训所用的器材、工具，按照要求放置到规定位置。

2.3.2 室内白炽灯和插座的安装

任务内容：室内白炽灯和插座的安装。

1. 绘制工程电路原理图

电路原理图是电器电路工程的重要图样，是电器电路工程设计的成果，是工程施工和检修的理论依据，正确绘制和识读分析电路原理图是电工必备的能力。绘制电路原理图时，各器件要用国家标准规定的图形和标准符号。

根据室内照明需求确定白炽灯的盏数和功率，根据取电用途确定插座的个数和规格，绘出电路原理图，如图 2-1 所示。

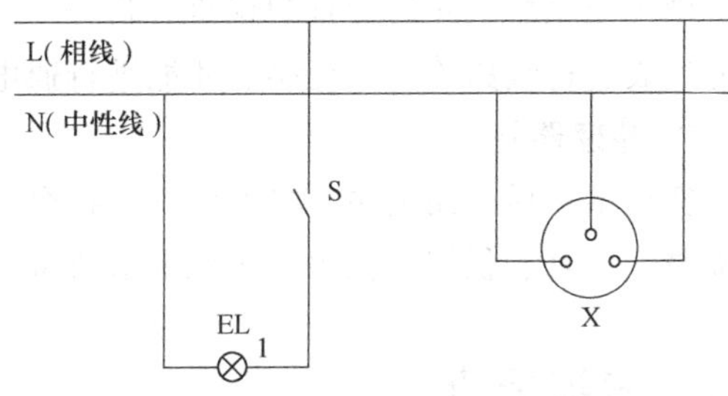

图 2-1　室内白炽灯和插座的安装电路原理图

2. 编制器材明细表

器材明细表是根据电路原理图依照工程要求对电器电路工程中使用的器件、材料选用进行规定的又一个施工文件，其内容包含序号、名称、型号、规格、数量，甚至还包含单价、总价，以用于工程预决算。其中，型号取决于工程要求和市场价格，规格取决于承载要求。器材明细表绘制也是电工的必备能力之一。

该实训任务所需器材见表 2-2。

表 2-2　室内白炽灯和插座安装所需器材明细表

序号	名　称	规　格	数　量	备　注
1	铝芯线	$1.5mm^2$	若干	总电流=(0.12+2)A=2.12A
2	拉线开关	1A	1个	灯电流=0.12A
3	白炽灯与灯座	25W 标准卡口 1A	1套	
4	三孔插座	2A	1个	普通用电，选用 2A
5	开关绝缘座		1个	
6	灯绝缘座		1个	
7	插座绝缘座		1个	
8	塑料槽板		若干	

3. 绘制工程布局布线图

工程布局布线图是用于表示各个器件布置安装在控制板上的具体位置和要求如何布线的图样文件，是三个重要的电工工程文件之一。该图包含器件布局和导线布局两方面的内容，因此是安装和检修时查找核对器件和线路的重要资料。

根据场地和使用需要绘制工程布局布线图，如图 2-2 所示。

4. 安装前检查

检查拉线开关、白炽灯、灯座、插座等器件的质量，有质量问题的要更换。

5. 安装

按照图 2-2 的布局布线图固定各个器件并进行布线。

布线施工时注意：导线接线头必须接、压牢固，保证接触良好和干燥，绝缘要有保障，接线头要置于便于维修处。

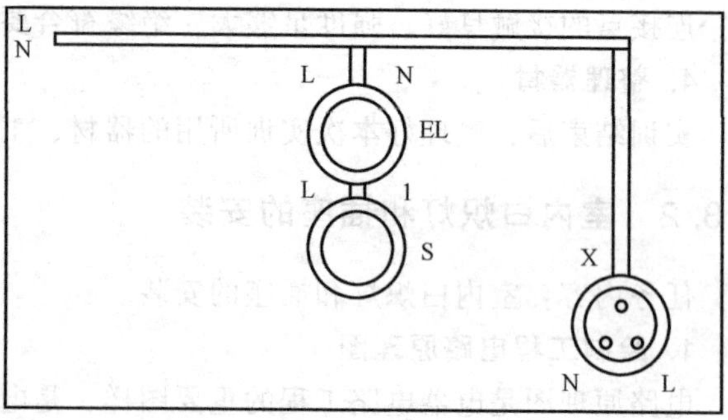

图 2-2　室内白炽灯和插座的布局布线图

6. 工程检查

施工完成后，先进行直观检查，再用万用表进行线路检查，无误后才能进行通电检查。

7. 整理器材

实训结束后关闭电源，将安装好的各个器件小心取下，分类放好，整理好本次实训所用的器材、工具、仪器和仪表，按照要求放置到规定位置。

2.4　考核要点

1）能否正确使用各种通用电工工具，能否规范连接各种导线。

2）能否绘制电路原理图、布局布线图，编制器材明细表。

3）能否正确安装白炽灯和插座，白炽灯能否点亮，插座能否通电。

4）成绩评定。

根据以上考核要点对学生进行成绩评定，参见表 2-3，给出该项目实训成绩。

表 2-3　实训成绩评定表

实训项目内容	分值/分	考核要点及评分标准	扣分/分	得分/分
导线的连接	30	未按要求正确使用工具，每处扣 5 分		
		导线连接不规范，每次扣 5 分		
室内白炽灯和插座的安装	60	不能正确绘制电路原理图，每错一处扣 5 分		
		不能正确绘制布局布线图，每错一处扣 5 分		
		插座安装方法不对，每处扣 5 分		
		白炽灯安装方法不对，每处扣 5 分		
		白炽灯不能正确点亮，扣 15 分		
安全、规范操作	5	每违规一次，扣 2 分		
整理器材、工具	5	未将器材、工具等放到规定位置，扣 5 分		
学　时	4 学时	综合成绩		

2.5　相关知识点

2.5.1　常用电工工具的使用

1. 验电笔

验电笔又称低压验电器，是检验导线、电器是否带电的一种常用工具，检测范围为 50~500V，有钢笔式、螺钉旋具式和组合式等多种形式。

（1）验电笔的结构

验电笔由笔尖、降压电阻、氖管、弹簧和笔尾金属体等部分组成，如图 2-3 所示。

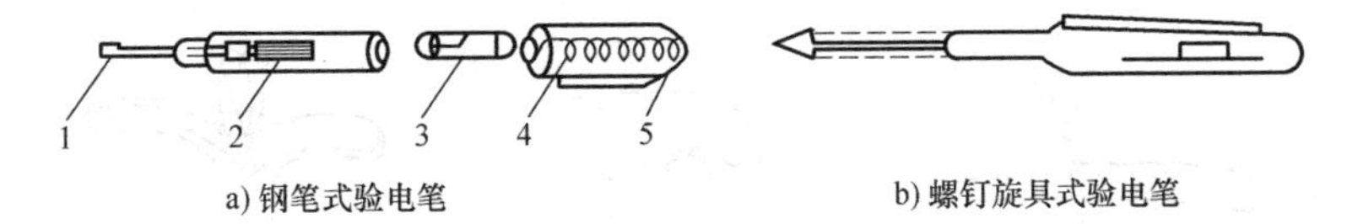

a) 钢笔式验电笔　　b) 螺钉旋具式验电笔

图 2-3　验电笔的结构

1—笔尖　2—降压电阻　3—氖管　4—弹簧　5—笔尾金属体

（2）握笔方法

使用验电笔时，必须按照图 2-4 的正确握法进行操作。

手指必须接触笔尾的金属体（如图 2-4a 所示的钢笔式握法）或验电笔顶部的金属螺钉（如图 2-4b 所示的螺钉旋具式握法）。这样，只要带电体与大地之间的电位差超过 50V，验电笔中的氖管就会发光。

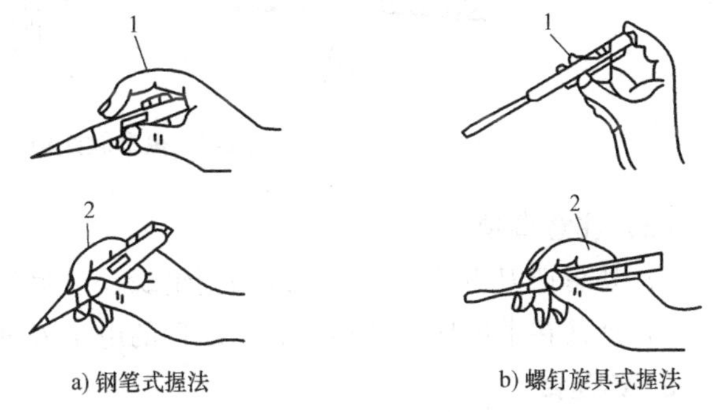

a) 钢笔式握法　　b) 螺钉旋具式握法

图 2-4　验电笔的使用方法

1—正确握法　2—错误握法

（3）使用方法

1）使用前，先要在有电的导体上检查验电笔是否正常发光，检验其可靠性。

2）在明亮的光线下往往不容易看清氖管的辉光，应注意避光观察。

3）验电笔的笔尖虽与螺钉旋具形状相同，但它只能承受很小的扭矩，因此不能像螺钉旋具那样使用，否则会损坏。

4）验电笔可以用来区分相线和零线，使氖管发亮的是相线，不亮的是零线。验电笔也可用来判别接地故障。

5）验电笔可用来判断电压的高低。氖管越暗，则表明电压越低；氖管越亮，则表明电压越高。

2. 电工刀

（1）电工刀的使用

电工刀是剥削和切割电工材料的常用工具，电工刀的刀口磨制成单面呈圆弧形状的刃口，刀刃部分锋利一些。在剥削电线绝缘层时，可把刀略微向内倾斜，用刀刃的圆角抵住线芯，刀口向外推出。这样既不易削伤线芯，又可防止操作者受伤。电工刀的使用如图 2-5、图 2-6 和图 2-7 所示。

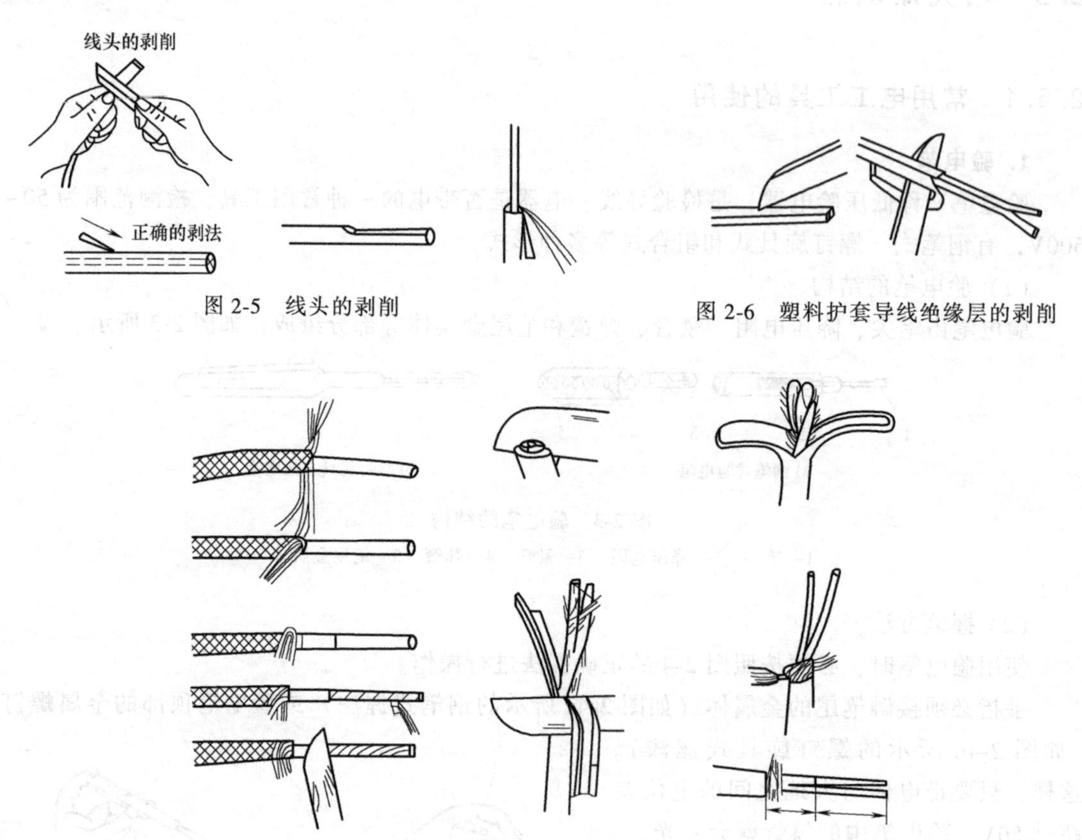

图 2-5　线头的剥削

图 2-6　塑料护套导线绝缘层的剥削

图 2-7　橡套软线绝缘层的剥削

（2）注意事项

1）切忌把刀刃垂直对着导线切割绝缘，以免削伤线芯。

2）严禁在带电体上使用没有绝缘柄的电工刀进行操作，以防触电。

3. 钢丝钳

钢丝钳又称克丝钳、老虎钳，是电工应用最频繁的工具。

（1）钢丝钳的结构与用途

电工用钢丝钳由钳头和钳柄两部分组成。钳头包括钳口、齿口、刀口和铡口四部分，其结构与用途如图 2-8 所示。其中，钳口可用来钳夹和弯绞导线，齿口可代替扳手来拧小型螺

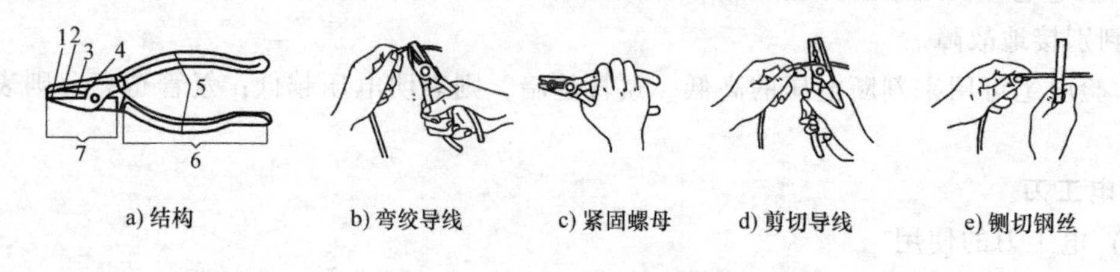

a) 结构　b) 弯绞导线　c) 紧固螺母　d) 剪切导线　e) 铡切钢丝

图 2-8　钢丝钳的结构与用途

1—钳口　2—齿口　3—刀口　4—铡口　5—绝缘管　6—钳柄　7—钳头

母，刀口可用来剪切电线、掀拔铁钉，铡口可用来铡切钢丝等硬金属丝。

(2) 注意事项

1) 使用前，必须检查其绝缘柄，确定绝缘状况良好，否则不得带电操作，以免发生触电事故。

2) 用钢丝钳剪切带电导线时，必须单根进行，不得用刀口同时剪切相线和零线或者两根相线，以免造成短路事故。

3) 使用钢丝钳时要刀口朝向内侧，以便于控制剪切部位。

4) 不能用钳头代替锤子作为敲打工具，以免变形。钳头的轴销应经常加机油润滑，保证其开闭灵活。

4. 尖嘴钳

(1) 尖嘴钳的使用

尖嘴钳的头部尖细，适用于在狭小的空间操作，常用于精细布线和元器件引线成形，如图2-9所示。尖嘴钳一般都带有塑料套柄，使用方便，且能绝缘，其耐压等级为500V。

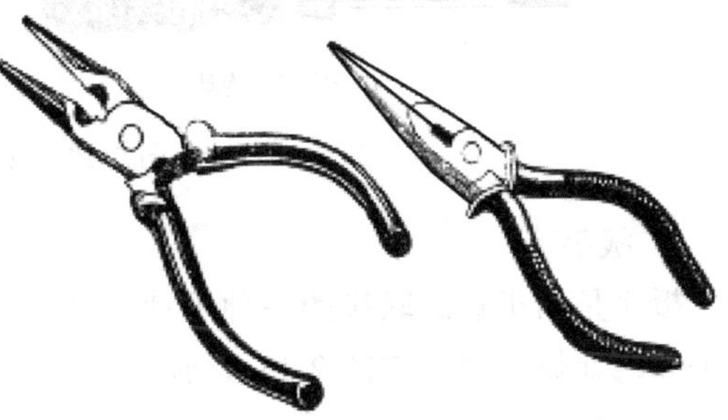

图2-9 尖嘴钳

(2) 注意事项

1) 为确保使用者的人身安全，严禁使用塑料套破损、开裂的尖嘴钳带电操作。

2) 不允许用尖嘴钳装拆螺母、敲击它物。

3) 不宜在80℃以上的环境中使用尖嘴钳，以防止塑料套柄熔化或老化。

4) 为防止尖嘴钳端头断裂，不宜用它夹持较硬、较粗的金属导线及其他硬物。

5) 尖嘴钳的头部是经过淬火处理的，不要在锡锅或高温的地方使用，以保持钳头部分的硬度。

5. 偏口钳

偏口钳又称斜口钳，如图2-10所示。它主要用于剪切导线，尤其适合用来剪除缠绕元器件后多余的引线。剪线时，要使钳头朝下，在不变动方向时可用另一只手遮挡，防止剪下的线头飞出伤眼。

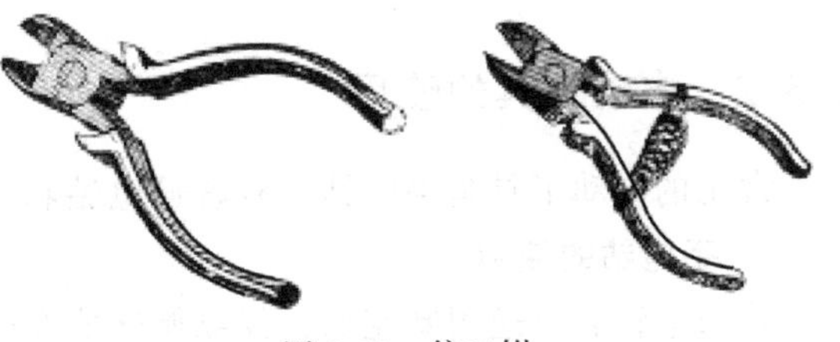

图2-10 偏口钳

6. 剥线钳

剥线钳用来剥削直径为3mm及以下绝缘导线的塑料或橡胶绝缘层，其形状如图2-11所示。它由钳口和手柄两部分组成。剥线钳钳口分有0.5~3mm的多个直径切口，可用于不同规格线芯的剥削。使用时应使切口与被剥削导线芯线直径相匹配，切口过大难以剥离绝缘层，切口过小会切断芯线。剥线钳手柄上装有绝缘套。

7. 螺钉旋具

紧固工具用于紧固和拆卸螺钉和螺母，包括螺钉旋具和各类扳手等。螺钉旋具旧称螺丝刀、改锥或起子，常用的有一字形、十字形两类，并有自动、电动、风动等形式。

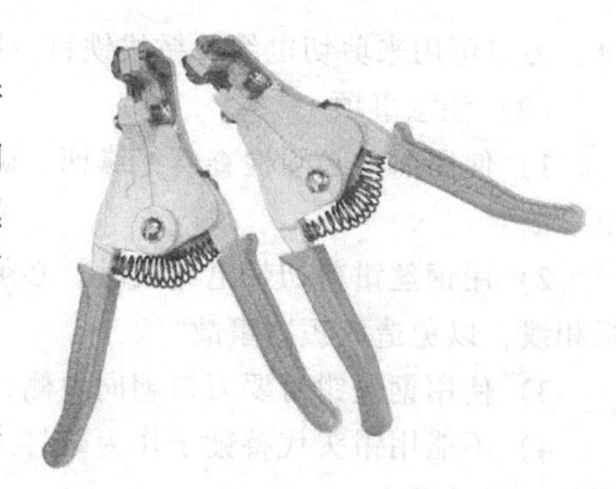

图 2-11 剥线钳

(1) 一字形螺钉旋具

这种旋具用来旋转一字槽螺钉，如图 2-12a 所示。选用时，应使旋具头部的长短和宽窄与螺钉槽相适应。若旋具头部宽度超过螺钉槽的长度，在旋紧螺钉时容易损坏安装件的表面；若头部宽度过小，则不但不能将螺钉旋紧，还容易损坏螺钉槽。

(2) 十字形螺钉旋具

这种旋具适用于旋转十字槽螺钉，如图 2-12b 所示。选用时应使旋杆头部与螺钉槽相吻合，否则易损坏螺钉槽。

使用一字形和十字形螺钉旋具时，用力要平稳，压和拧要同时进行。

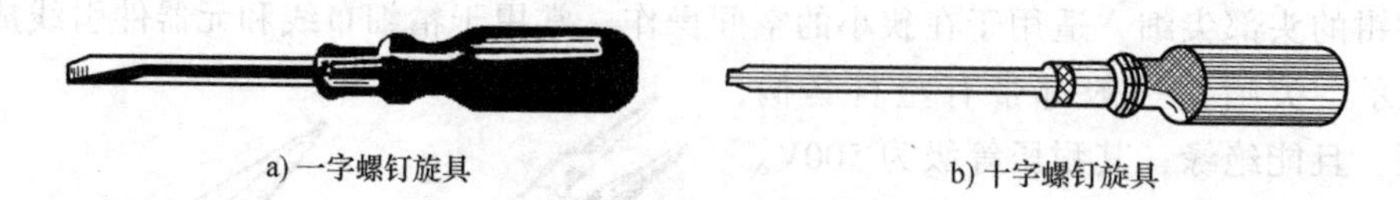

a) 一字螺钉旋具　　b) 十字螺钉旋具

图 2-12 螺钉旋具的结构

8. 扳手

扳手是用于螺纹联接的一种手动工具，其种类和规格很多。常用的有活扳手、电动扭剪扳手和两面扳手等，如图 2-13 所示。

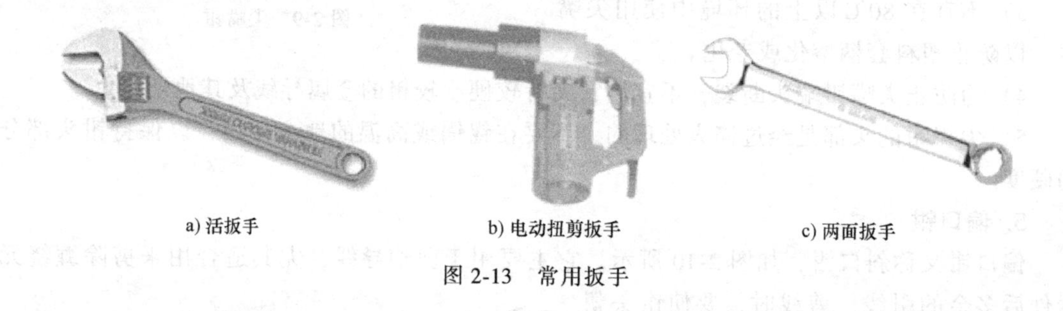

a) 活扳手　　b) 电动扭剪扳手　　c) 两面扳手

图 2-13 常用扳手

2.5.2 电动工具的使用

常用的电动工具是手电钻，有普通电钻和冲击电钻两种。

1. 手电钻的使用

普通电钻装上通用麻花钻，仅靠旋转能在金属上钻孔。冲击电钻用旋转带冲击的工作方式，一般带有调节开关。当调节开关在旋转无冲击，即“钻”的位置时，其功能如同普通电钻；当调节开关在旋转带冲击，即“锤”的位置时，装上镶有硬质合金的钻头，便能在混凝土和砖墙等建筑构件上钻孔，通常可冲制直径为 6～16mm 的圆孔。手电钻的结构如图 2-14 所示。

2. 注意事项

1) 长期搁置不用的冲击钻，使用前必须用 500V 绝缘电阻表测定对地绝缘电阻，其值应不小于 0.5MΩ。

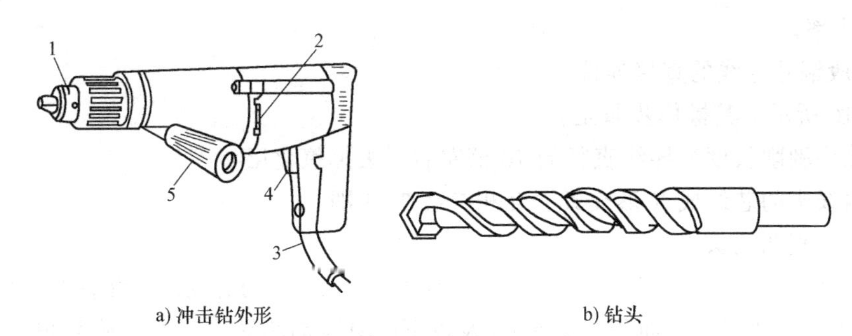

a) 冲击钻外形　　b) 钻头

图 2-14　手电钻的结构

1—钻头表　2—锤、钻调节开关　3—电源引线　4—电源开关　5—手柄

2）使用有金属外壳的手电钻时，必须戴绝缘手套、穿绝缘胶鞋或站在绝缘板上，以确保操作人员的人身安全。

3）在钻孔时遇到坚硬物体不能加过大压力，以防钻头退火或手电钻因过载而损坏。手电钻因故突然堵转时，应立即切断电源。

4）在钻孔过程中应经常把钻头从钻孔中抽出，以便排除钻屑。

2.5.3　导线的连接

导线连接是电工必须掌握的一项重要的基本功，也是线路安装及维修过程中经常用到的操作技能。

1. 导线的选择

导线又叫电线，常用的导线可分为裸导线和绝缘导线两类。

(1) 裸导线

没有绝缘包皮的导线叫裸导线。裸导线分为单股线和多股绞合线两种，主要用于室外架空线路。

(2) 绝缘导线

具有绝缘包皮的电线称为绝缘导线。绝缘导线按其芯线材料分为铜芯和铝芯两种；按线芯股数分为单股和多股两种。用塑料作为绝缘包皮的导线，安全载流量由导线所负载的电流大小决定，选择时应查导线安全载流量，并要留有一定的余量，以保证线路安全。

2. 导线的剥削

导线连接前，要根据具体的连接方法及导线线径将导线的绝缘层进行剥除。常用的工具是电工刀和剥线钳，其中电工刀常用于剥削较大线径的导线及导线外层护套，剥线钳常用于剥削较小线径的导线。具体操作方法如图 2-15 所示。

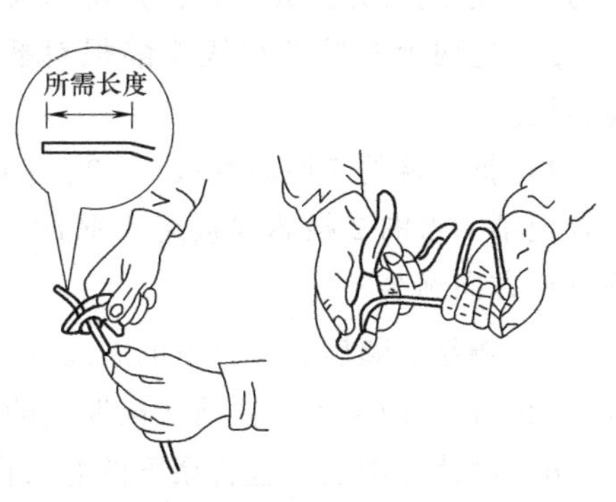

图 2-15　导线的剥削

3. 导线的连接方法

导线的种类很多，连接时应根据导线的材料、规格、种类等采用不同的连接方法。正确的导线连接方法，既可以加强线路运行的可靠性，又可以降

低故障的发生率。

（1）单股铜芯导线的直接连接

如图 2-16 所示，其操作步骤是：

1）绝缘层剥削长度为导线直径的 70 倍左右，去掉氧化层。

2）使两线头的芯线成 X 形交叉，互相绞绕 2~3 圈。

3）然后扳直两线头。

4）将两个线头在芯线上紧贴并绕 6 圈，用钢丝钳切去余下的芯线，并钳平芯线的末端。

这种连接方法适用于截面积为 2.5mm 及以下的单股铜芯导线，对于截面积为 2.5mm 以上的单股铜芯导线，连接时可采用绑扎方法。

（2）单股铜芯导线的 T 形分支连接

如图 2-17 所示，其操作步骤是：

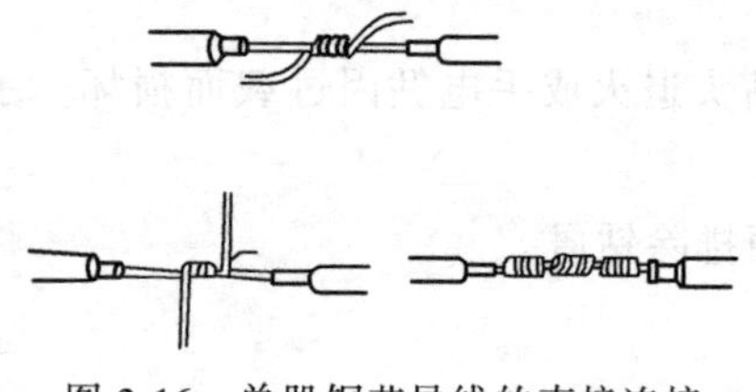

图 2-16　单股铜芯导线的直接连接

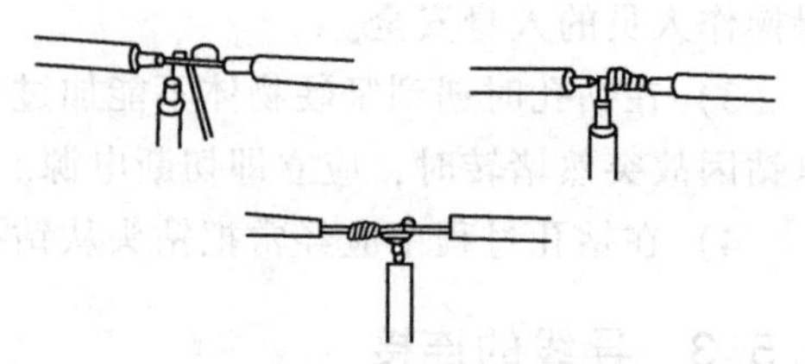

图 2-17　单股铜芯导线的 T 形分支连接

1）将支路芯线的线头与干线芯线十字相交，在支路芯线根部留出约 3~5mm，然后按顺时针方向缠绕支路芯线，缠绕 6~8 圈后，用钢丝钳切去余下的芯线，并钳平芯线末端。

2）对于较小截面（截面积小于 1.5mm）芯线的 T 形分支连接，应先将分支导线在主线上环绕成结状，然后再把支路芯线线头抽紧扳直，紧密缠绕 6~8 圈，剪去多余芯线，钳平切口毛刺。

（3）7 股铜芯导线的直接连接

如图 2-18 所示，其操作步骤如下：

1）绝缘层剥削长度为导线直径的 21 倍左右。

2）将割去绝缘层的芯线头散开并拉直，接着把离绝缘层最近的 1/3 线段的芯线绞紧，然后把余下的 2/3 芯线头分散成伞状，并将每根芯线拉直。

3）把两个伞状芯线线头隔根对插，并捏平两端芯线。

4）把一端的 7 股芯线按 2、2、3 根分成三组，接着把第一组的 2 根芯线扳起，垂直于芯线，并按顺时针方向缠绕。

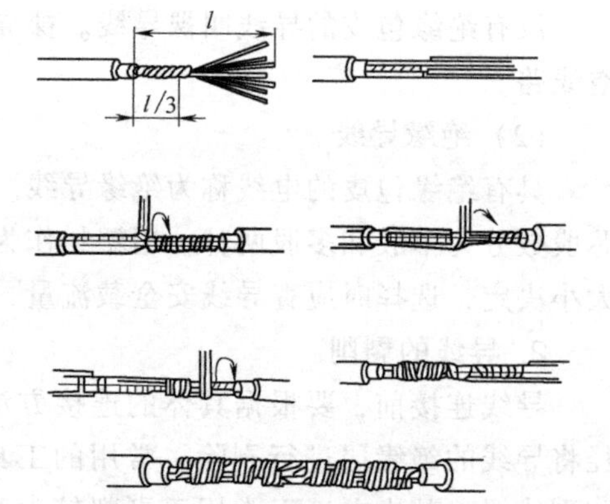

图 2-18　7 股铜芯导线的直接连接

5）缠绕 2 圈后，将余下的芯线向右扳直，再把下边第二组的 2 根芯线扳起垂直于芯线，也按顺时针方向紧紧压住前 2 根扳直的芯线缠绕。

6）缠绕 2 圈后，也将余下的芯线向右扳直，再把下边第三组的 3 根芯线扳起，按顺时针方向紧压前 4 根扳直的芯线向右缠绕。

7）缠绕 3 圈后，切去每组多余的芯线，钳平线端。

8）用同样的方法缠绕另一边芯线。

（4）铝芯导线的连接

铜芯导线通常可以直接连接，而铝芯导线由于常温下易氧化，且氧化铝的电阻率较高，故一般采用压接的方式。

（5）铜、铝导线间的连接

铜芯导线与铝芯导线不能直接连，通常要采用专用的铜、铝过渡接头。这是因为：一是铜、铝的热膨胀率不同，连接处容易产生松动；二是铜、铝直接连接会产生电化腐蚀现象。

（6）导线连接的注意事项

1）电气接触应较好，即接触电阻要小。

2）要有足够的机械强度。

3）连接处的绝缘强度不低于导线本身的绝缘强度。

4. 导线绝缘的恢复

导线绝缘层破损或导线连接后都要恢复绝缘，恢复后的绝缘强度不应低于原有的绝缘层。恢复绝缘层的材料一般用黄蜡带、涤纶薄膜带、塑料带和黑胶带等。黄蜡带或黑胶带通常选用带宽为 20mm 规格的，这样包缠较方便。通常的方法是，先用黄蜡带（或涤纶带）从离切口两根带宽（约 40mm）处的绝缘层上开始包缠，缠绕时采用斜叠法，黄蜡带与导线保持约 55°的倾斜角，每圈压叠带宽的 1/2，如图 2-19 所示。包缠黄蜡带后，将黑胶带接于黄蜡带的尾端，以相同的斜叠法向另一方向包缠一层黑胶带。

注意：包缠绝缘带时，一是不能过疏，更不允许露出线芯，以免造成事故；二是包缠时绝缘带要拉紧，要包缠紧密、坚实，并粘在一起以免潮气侵入。此外，对于电压为 380V 的线路恢复绝缘时，可先用黄蜡带斜叠紧缠两层，再用黑胶带缠绕 1~2 层。

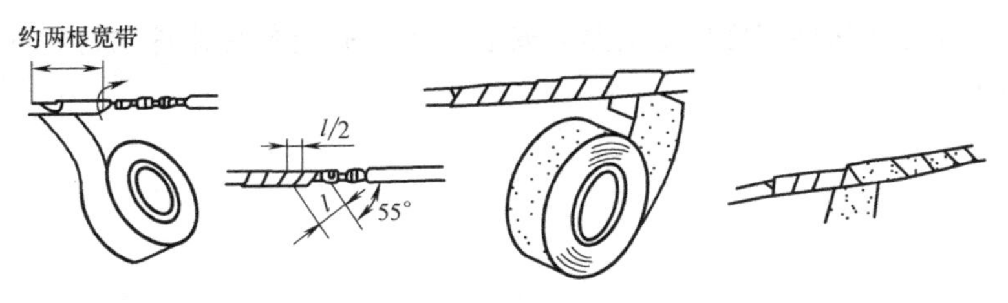

图 2-19　绝缘带的包缠

5. 导线的线路配线方式

室内线路常用的配线方式有塑料护套线配线、线管配线、线槽配线和桥架配线等，选择何种配线方式，应考虑室内环境的特征和安全要求等因素。

（1）塑料护套线配线

塑料护套线是一种具有塑料保护层的双芯或多芯绝缘导线，具有防潮、线路造价低和安装方便等优点，可以直接敷设在墙壁、空心板及其他建筑物表面。

塑料护套线配线是使用塑料线卡作为导线的支持物的一种配线方式，此种方式广泛用于室内电气照明线路及小容量生活、生产等配电线路的明线安装。其中，线卡的形式有铁钉（水泥钉）固定式和粘接剂固定式两种，配线示意图如图 2-20 所示。配线方法如下：

1）确定线路走向及各电器的安装位置。

2）用弹线袋划线，按护套线的安装要求，每隔 150~200mm 划出固定线卡的位置。

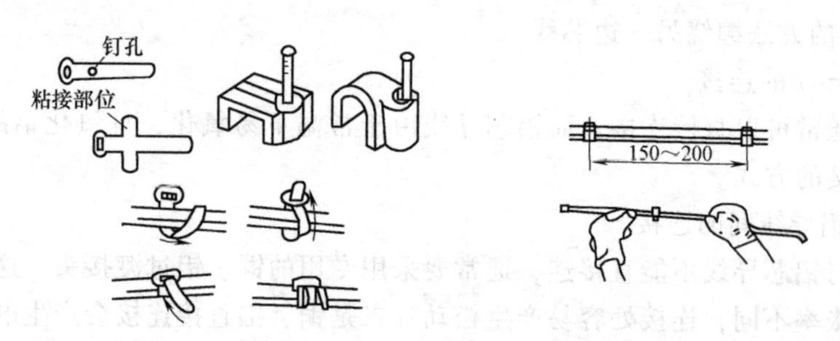

图 2-20 塑料护套线配线示意图

3）在距开关、插座和灯具 50~100mm 处都需设置线卡的固定点。

4）在铁钉不可直接钉入的墙壁上配线时，必须先打孔安装木头以确保线路安装紧固。

5）将护套线一端固定，然后按住固定端，勒直并拉紧护套线，依次固定各个线卡。

（2）线槽配线

线槽配线方式广泛用于电气工程安装、机床和电气设备的配电板或配电柜等配线，也适用于电气工程改造时更换线路以及各种弱电、信号线路在吊顶内的敷设。常用的塑料线槽材料为聚氯乙烯，由槽底和槽盖组合而成。配线时，应先铺设槽底，再敷设导线（即将导线放置于槽腔中），最后扣紧槽盖。应注意的是，槽底接缝与槽盖接缝应尽量错开。线槽配线方式具有安装维修方便、阻燃等特点。

2.6 能力拓展

家庭用电电路的安装。

任务目标：思考多房间家庭用电电路的安装工程，确定各种器件和材料的品种、规格，列出器材明细表。

实训项目3 日常民用电路的安装

3.1 学习要点

1）了解日常民用电路的设计方法。

2）掌握日常民用电路的施工技术。

3.2 项目描述

通过一居室照明用电设计与安装实训，让学生进一步具备绘制工程电路原理图、编制器材明细表、绘制工程布局布线图、进行线路敷设和设备安装施工的技能。

3.3 项目实施

任务内容：绘制工程电路原理图，编制器材明细表，绘制工程布局布线图，完成一居室照明用电设计与安装。

1. 绘制工程电路原理图

一居室照明用电电路原理图如图 3-1 所示。

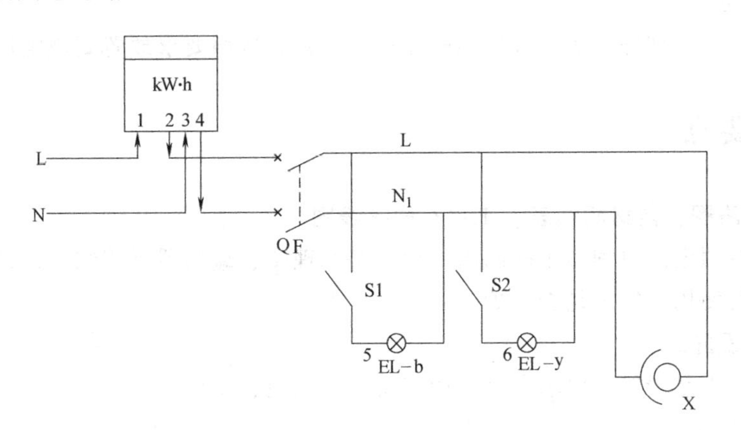

图 3-1 一居室照明用电电路原理图

2. 编制器材明细表

该实训任务所需器材见表 3-1。

表 3-1 一居室照明设计与安装实训器材明细表

代 号	名 称	规 格	数 量	备 注
EL-b	白炽灯	25W	1个	
kW·h	电能表	DD28 系列单相电能表 5A	1只	
QF	断路器	DZ4710A	1个	
EL-y	荧光灯	40W	1根	
S1、S2	照明开关	1A	2个	
X	三眼插座	5A	1个	
	槽板		若干	
	圆木		若干	
	电源线	$2mm^2$ 铜线	若干	

3. 绘制工程布局布线图

本实训内容的布局布线图请同学根据实训场地和设备情况在指导教师指导下绘制。

4. 器材质量检查与清点

测量检查各器件的质量并清点数量。

5. 安装、敷设施工

1）根据布局布线图的布局要求固定器件。

2）根据布局布线图的布线要求敷设线路。

3）连接导线。

4）安装完成后，仔细检查线路。

6. 通电检查与验收

检查无误后，通电检验，观察荧光灯能否正确点亮。如有故障与错误，请排除。

7. 整理器材

实训结束后，整理好本次实训所用的器材、工具，按照要求放置到规定位置。

3.4 考核要点

1. 工程电路图、器材明细表、工程布局布线图

检查是否按照电路原理图正确画出工程电路原理图、编制器材明细表、绘制工程布局布线图，器件是否使用，安装是否正确。

2. 安装敷设施工

安装敷设施工是否符合要求，是否做到安全、美观、规范。

3. 检查与验收

通电测试是否达到实训项目目标。

4. 成绩考核

根据以上考核要点对学生进行成绩评定，参见表 3-2，给出该项目实训成绩。

表 3-2　实训成绩评定表

实训项目内容	分值/分	考核要点及评分标准	扣分/分	得分/分
一居室照明用电设计与安装	90	未能正确绘制工程电路原理图，扣 15 分		
		未能正确编制器材明细表，扣 10 分		
		未按正确的要求绘制工程布局布线图，扣 10 分		
		未能正确安装各个器件，每处扣 5 分		
		不能正确点亮照明设备，扣 10 分		
安全、规范操作	5	每违规一次扣 2 分		
整理器材、工具	5	未将器材、工具等放到规定位置，扣 5 分		
学　时	4 学时	综合成绩		

3.5　相关知识点

3.5.1　电功率

电功率的大小与负载承受的电压和通过负载的电流有关，即

$$P = UI \tag{3-1}$$

式中，P 是电功率，单位为 W；U 是电压，单位为 V；I 是电流，单位为 A。

在日常用电电路中，各个用电器具都具有一定的额定功率，在选择电器件和敷设导线时要根据额定功率选择器件规格和线径。一般是根据额定功率选择插座、开关规格和分线线径，根据总功率选择断路器、电能表、熔断器规格和总线线径。

在一般日常民用电路中，铝导线的载流量计算，当规格数为 $2.5mm^2$ 以下时，可以用规格数乘以 9；$2.5mm^2$ 以上时，规格数每升一级，其载流量为规格数乘以倍数减一估算；铜线载流量则比铝线高一个线截面规格；开关、插座的载流量以最大载流量向上靠标准规格选定；熔断器、断路器选择要在最大负荷电流上增加 30%的量值确定；电能表的选择则应高一个规格，给增加用电留有余地。

3.5.2　常用照明附件的安装

1. 木台的安装

木台用于明线安装方式。在明线敷设完毕后，需要安装开关、插座、挂线盒等处先安装木台。在木质墙上可直接用螺钉固定木台，对于混凝土或砖墙应先钻孔，插入木榫或膨胀管，再用较长木螺钉将木台固定牢固。

2. 灯座的安装

（1）平灯座的安装

平灯座应安装在已固定好的木台上。平灯座上有两个接线桩，一个与电源中性线连接，另一个与来自开关的一根线（开关控制的相线）连接。插口平灯座上的两个接线桩可任意连接上述的两个线头；而螺口平灯座则有严格的规定，即必须把来自开关的线头连接在连通中心弹簧片的接线桩上，电源中性线的线头连接在连通螺纹圈的接线桩上，其安装方法如图 3-2 所示。

(2) 吊灯座的安装

把挂线盒底座安装在已固定好的木台上，再将塑料软线或花线的一端穿入挂线盒罩盖的孔内，并打个结，使其能承受吊灯的重量（采用软导线吊装的吊灯重量应小于1kg，否则应采用吊链），然后将两个线头的绝缘层剥去，分别穿入挂线盒底座正中凸起的两个侧孔里，再分别接到两个接线桩上，旋上挂线盒盖。接着将软线的另一端穿入吊灯座的两个接线桩上，罩上吊灯盖，其安装方法如图3-3所示。

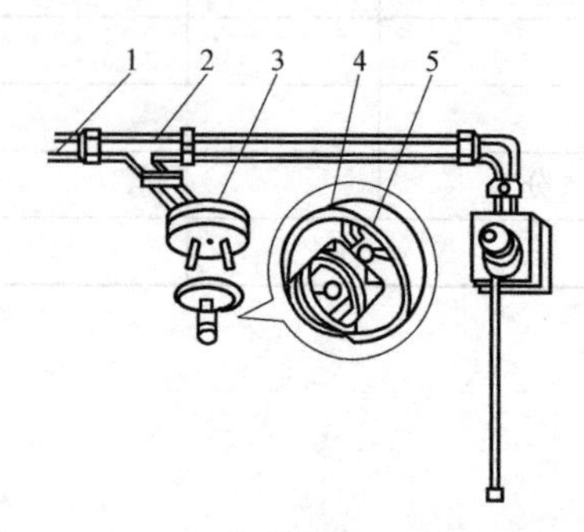

图3-2　螺口平灯座的安装

1—中性线　2—相线　3—圆木

4—螺口灯座　5—连接开关接线柱

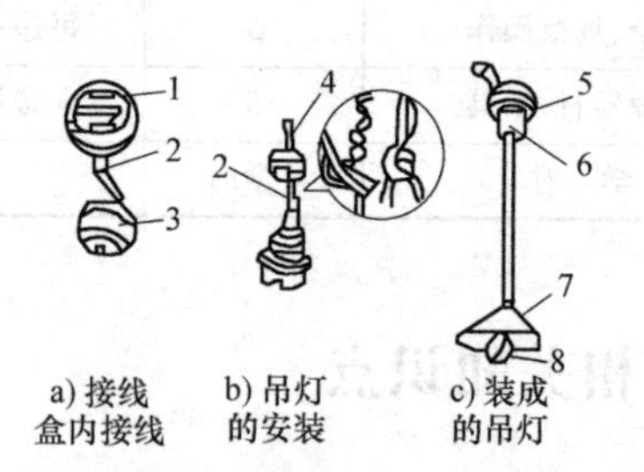

图3-3　吊灯座的安装

1—接线盒底座　2—导线结扣　3、6—接线盒罩盖

4—吊灯座盖　5—挂线盒　7—灯罩　8—灯泡

3. 开关的安装

开关明装时也要装在已固定好的木台上，将穿出木台的两根导线（一根为电源相线，一根为开关线）穿入开关的两个孔眼，固定开关，然后把剥去绝缘层的两个线头分别接到开关的两个接线桩上，最后装上开关盖，待接好线，经过仔细检查无误才能通电使用。

4. 插座的安装

插座的安装接线图如图3-4所示。

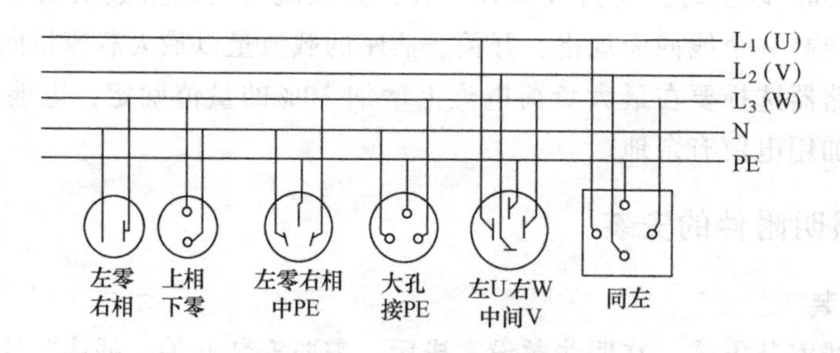

图3-4　插座安装接线图

3.5.3　荧光灯照明电路的安装

荧光灯旧称日光灯，其照明电路具有结构简单、使用方便等特点，而且荧光灯还有发光效率高的优点，因此，荧光灯是应用较普遍的一种照明灯具。

荧光灯照明电路主要由灯管、启动器、镇流器等组成。其灯管由玻璃管、灯丝、灯头和灯脚等组成，玻璃管内抽成真空后充入少量汞（水银）和惰性气体，管壁涂有荧光粉，在灯丝上涂有电子粉。

1. 荧光灯的工作原理

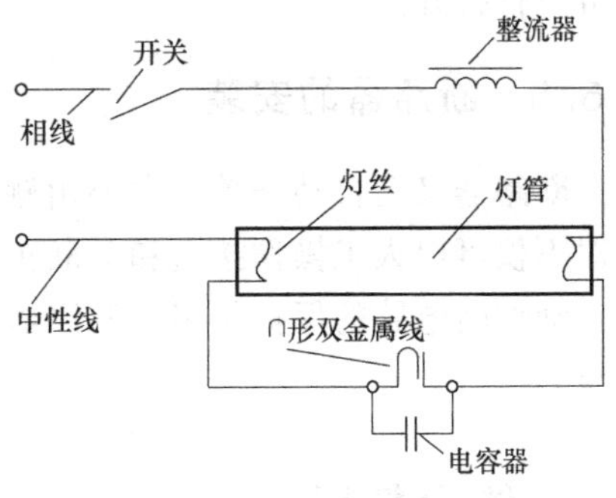

图 3-5　荧光灯的工作原理图

荧光灯的工作原理如图 3-5 所示，闭合开关接通电源后，电源电压经镇流器、灯管两端的灯丝加在启动器的∩形动触片和静触片之间，引起辉光放电。放电时产生的热量使得用双金属片制成的∩形动触片膨胀并向外伸展，与静触片接触，使灯丝预热并发射电子。在∩形动触片与静触片接触时，二者间电压为零而停止辉光放电，∩形动触片冷却收缩并复原而与静触片分离，在动、静触片断开瞬间在镇流器两端产生一个比电源电压高得多的感应电动势。这个感应电动势与电源电压串联后加在灯管两端，使灯管内惰性气体被电离而引起弧光放电。随着灯管内温度升高，液态汞汽化游离，引起汞蒸气弧光放电而发出肉眼看不见的紫外线，紫外线激发灯管内壁的荧光粉后，发出近似日光的可见光。

2. 荧光灯照明电路的安装

荧光灯照明电路中导线的敷设以及木台、接线盒、开关等照明附件的安装方法和要求与白炽灯照明电路基本相同，其接线装配方法如图 3-6 所示。应该注意的是，当整个荧光灯重量超过 1kg 时应采用吊链，载流导线不承受重力。

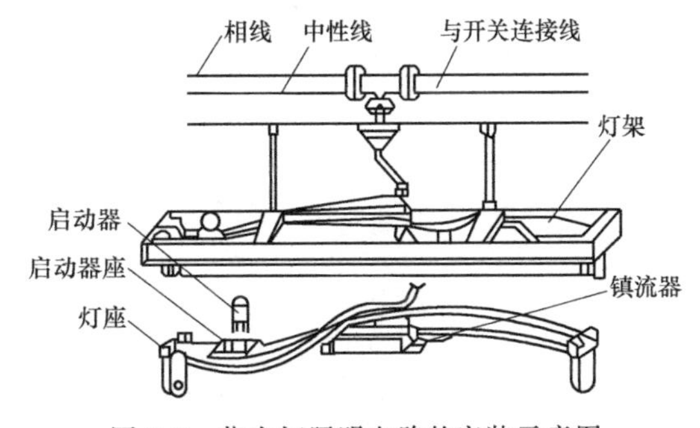

图 3-6　荧光灯照明电路的安装示意图

3.5.4　电能表的安装要求

电能表板要装在干燥、无振动和无腐蚀气体的场所，表板的下沿离地一般不低于 1.3m；电能表表身应装得平直，不得出现纵向或横向倾斜。否则要影响计量的准确性。

电能表的安装方法主要是接线方法，关键是：电压线圈是并联在线路上的，电流线圈是串联在电路中。各种电能表的接线端子均按由左至右的顺序编号。单相有功电能表的接线端子，进出线有两种排列形式：一种是 1、3 接进线，2、4 接出线；另一种是 1、2 接进线，3、4 接出线。国产单相有功电能表统一规定采用前一种排列方式。具体接线时，应按电能表接线图进行连接。常用有功电能表的接线图如图 3-7 所示。电能表接线完毕，在通电前，应由供电部门把接线端子盒盖加铅封，用户

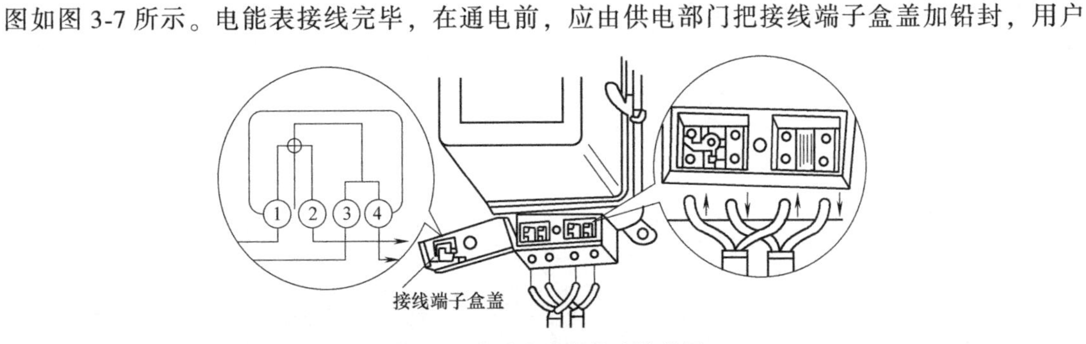

图 3-7　常用有功电能表接线图

不可擅自打开。

3.5.5 断路器的安装

断路器又名自动开关，主要由触头系统、操作系统、各种脱扣器和灭弧装置等组成。断路器不仅可以人工操作接通和分断正常负载电流，而且具有在过载、过电流、短路、漏电等时自动切断电路的保护作用。断路器要立装在固定架上，入线在上，出线在下，不能倒装和平装。

3.6 能力拓展

设计一三口之家的两居室单卫单厨的家装电气工程方案。

任务目标：设计一两居室房屋的电路图和布局布线图，实现居民生活的用电要求，并编制器材明细表。

实训项目4

常用电子电气元器件的检测

4.1 学习要点

1）掌握二极管的测试方法。

2）掌握晶体管的测试方法。

3）掌握电阻的识别和测量方法。

4）掌握电气设备绝缘电阻的测量方法。

4.2 项目描述

1）通过二极管检测的实训，让学生具备测试二级管的正反向电阻、掌握判别二极管的好坏和极性的方法和技能，具备利用万用表判断电路中二极管故障的技能。

2）通过晶体管检测的实训，让学生具备测试晶体管管脚之间的阻值、掌握判别管型和极性的方法和技能，具备利用万用表判断电路中晶体管故障的技能。

3）通过测量电阻值的实训，让学生掌握通过色环电阻的标识，识别色环电阻的阻值；让学生具备测量实际电路的电阻值及相应电压、电流的技能；具备利用万用表判断相应电路故障的技能。

4）通过三相异步电动机绝缘电阻的测量及首尾端判别实训，让学生掌握绝缘电阻表、万用表和直流电源的使用，让学生具备测量电动机绕组对地绝缘电阻，测量电动机瞬时感应电流的技能。

4.3 项目实施

4.3.1 二极管的检测

1. 二极管管脚的识别

常用二极管管脚的外形一般都打有标识，标有色环的一端为负极，如图 4-1 所示。

2. 判别二极管是否损坏

1）把 MF47 型万用表拨在 R×100Ω 或 R×1kΩ 档上，用红表笔接二极管的一端，黑表笔接另一端。(**注意：** MF47 型指针式万用表的黑表笔带正电，红表笔带负电，如图 4-2 所示)，读出万用表的电阻值，记下此时的电阻值。

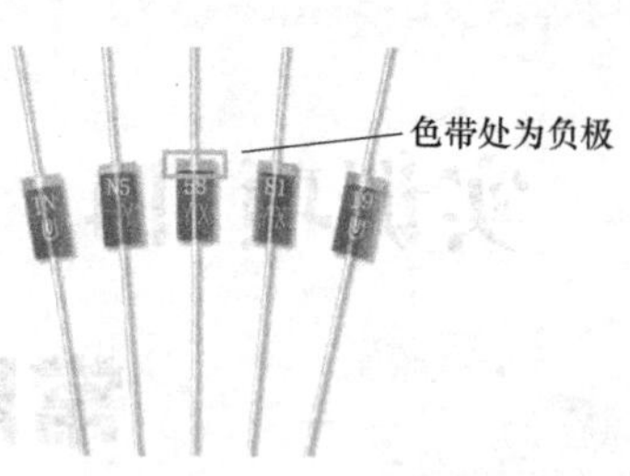

图 4-1　二极管外形管脚识别

2）把二极管调换一头，再次和万用表的两个表笔连接，读出阻值。

3）两次测试中如果一次阻值大，一般几十千欧以上，一次阻值小，一般几千欧以下，则说明二极管具有单向导电作用，二极管是好的；反之则是坏的。在测试中阻值小的一次与黑表笔连接的一头是二极管的正极，如图 4-3 所示。

4）如果两次测量时万用表的阻值都较小，则说明二极管是击穿的；如果两次测量时万用表的阻值均较大，则说明二极管是断路的。

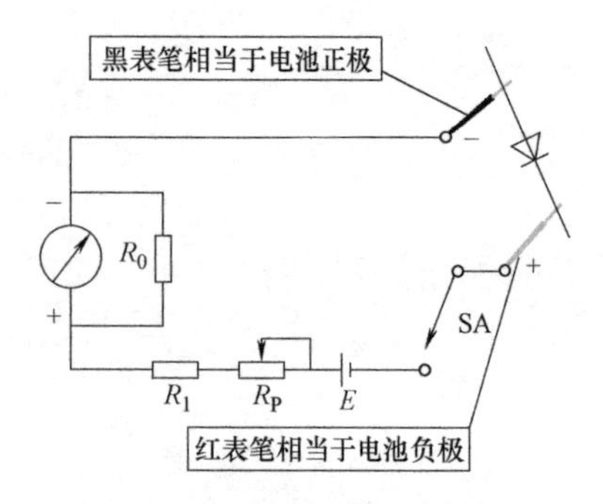

图 4-2　二极管极性判断依据

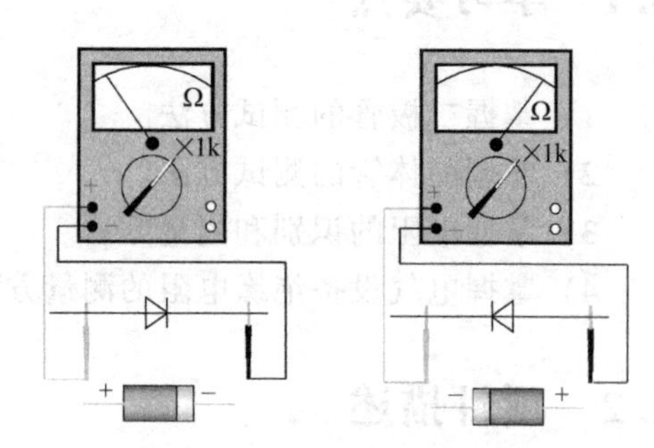

图 4-3　二极管极性判断

4.3.2　晶体管的检测

1. 晶体管管脚极性的辨别（将 MF47 型万用表置于 R×100Ω 档）

（1）判定基极 b

由于晶体管基极 b 与集电极 c 和基极 b 与发射极 e 之间分别是两个 PN 结，它的反向电阻很大（一般几十千欧以上），而正向电阻很小（一般几千欧以下）。测试时将红、黑表笔搭接到两管脚之间，变换管脚，直到电阻较小时为止；此时，黑表笔不动，如将红表笔接到另一管脚，测得也是低阻值，则黑表笔所接触的管脚即为基极 b，且为 NPN 型管，如图 4-4a 所示；如将红表笔接到另一管脚，测得为高阻值，则将红表笔放回原管脚，此时，红表笔不动，将黑表笔接到另一管脚，测得也是低阻值，则红表笔所接触的管脚即为基极 b，且为 PNP 型管，如图 4-4b 所示。

（2）判定集电极 c

基极 b 判断出来后，对于 NPN 型晶体管，测试时假定黑表笔接集电极 c，红表笔接发射极 e，并用手指搭接在基极 b 与黑表笔之间，记下其阻值，而后黑、红表笔交换，做同样测试，将测得的阻值与第一次阻值相比，阻值小的一次，其黑表笔接的就是集电极 c，红表笔接的则是发射极 e，如图 4-5 所示。对于 PNP 型晶体管，测试

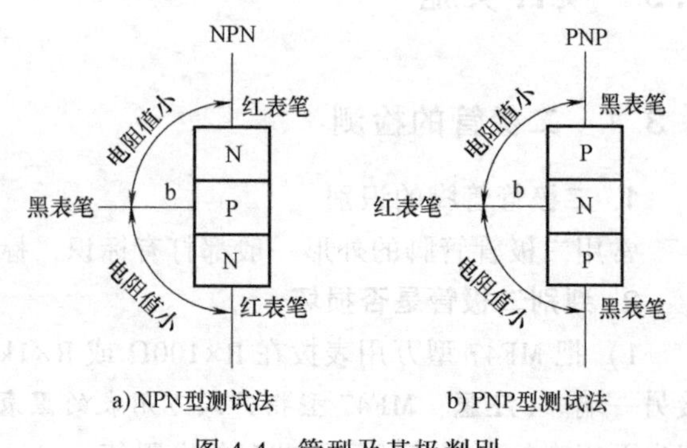

图 4-4　管型及基极判别

时假定红表笔接集电极 c，黑表笔接发射极 e，并用手指搭接在基极 b 与红表笔之间，记下其阻值，而后红、黑表笔交换，做同样测试，将测得的阻值与第一次阻值相比，阻值小的一次，其红表笔接的就是集电极 c，黑表笔接的是发射极 e，如图 4-6 所示。

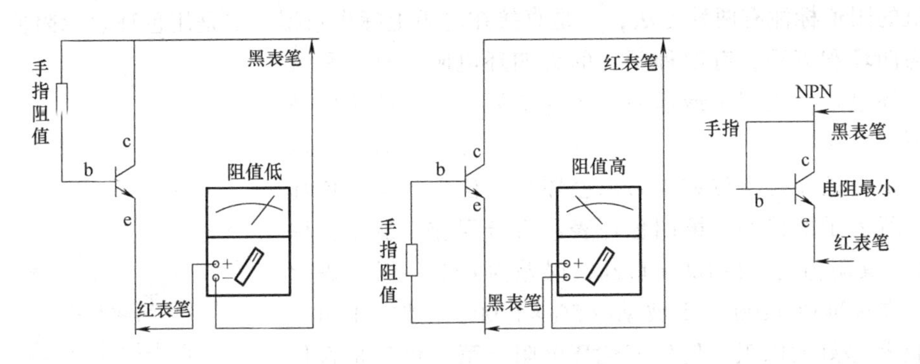

图 4-5 NPN 型管的集电极判别

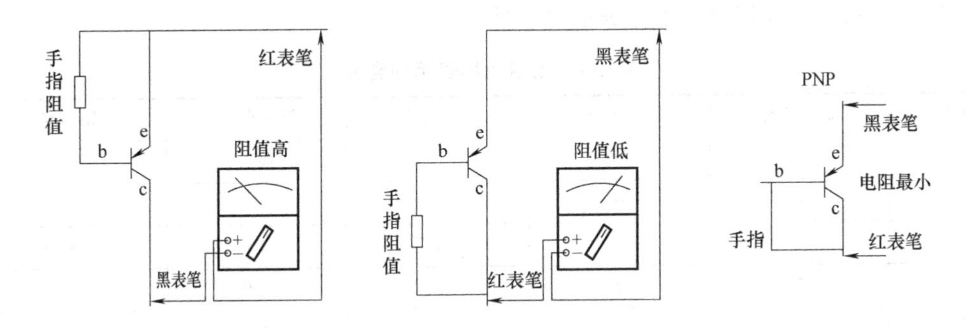

图 4-6 PNP 型管的集电极判别

2. 直流放大倍数 h_{FE} 的测量

先转动开关至晶体管调节 ADJ 位置上，将红黑表笔短接，调节欧姆电位器，使指针对准 $300h_{FE}$ 刻度线上，然后转动开关到 h_{FE} 位置，将要测的 NPN 或 PNP 晶体管管脚分别插入 N 型或 P 型晶体管测试座的 ebc 管座内，指针偏转所示数值约为晶体管的直流放大倍数值。**注意**：N 型晶体管应插入 N 型管孔内，P 型晶体管应插入 P 型管孔内。

3. 反向截止电流 I_{ceo}、I_{cbo} 的测量

I_{ceo} 为集电极与发射极间的反向截止电流（基极开路），I_{cbo} 为集电极与基极间的反向截止电流（发射极开路）。转动档位开关至 R×1kΩ 档，将测试表笔两端短路，调节到零欧姆上（此时满度电流值约 90μA）。断开测试表笔，然后将欲测的晶体管插入管座内，此时指针的数值约为晶体管的反向截止电流值，指针指示的刻度值乘上 1.2 即为实际值。当 I_{ceo} 电流值大于 90μA 时可换用 R×100Ω 档进行测量（此时满度电流值约为 900μA）。

注意：NPN 型晶体管应插入 N 型管座，PNP 型晶体管应插入 P 型管座。

注意：以上介绍的测试方法，一般万用表都用 R×100、R×1k 档，如果用 R×10k 档，则因该档用 15V 的较高电压供电，可能将被测晶体管的 PN 结击穿；若用 R×1 档测量，因电流过大（约 90mA），也可能损坏被测晶体管。

4.3.3 电阻值的测量

1. 电阻大小的识别

电阻的阻值标注有两种方法，一是直接在电阻上标出数据，二是用色环表示阻值。色环电阻分为四环和五环，有四种颜色的为四环电阻，有五种颜色的为五环电阻。距端头最远的一环为最后一环，即第四环或第五环，依次往前数到第一环，如图 4-7 所示。例如四色环电阻：第一色环是十位数，第二色环是个位数，第三色环是乘颜色所表示的倍率，第四色环表示百分误差。例子：棕 红 红 金，其阻值为 12×100＝1.2k，误差为±5%，误差表示电阻数值在标准值 1200 上下波动（5%×1200），即在 1140～1260 之间都是好的电阻。例如五色环电阻：第一色环是百位数，第二色环是十位数，第三色环是个位数，第四色环是应乘颜色所表示的倍率，第五色环表示百分误差。例子：红 红 黑 棕 金，其电阻为 220×10＝2.2k，误差为±5%，详细电阻色环表示含义见表 4-1。

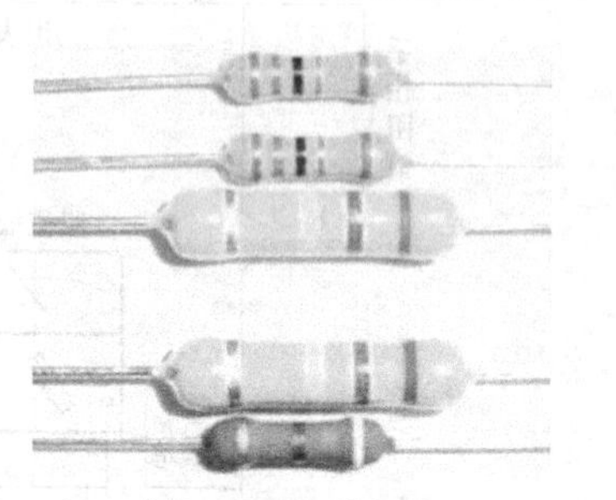

图 4-7 色环电阻

表 4-1 电阻色环表示的含义

色环	第一色环	第二色环	第三色环	第四色环 （乘数）	第五色环 （误差环）
黑	0	0	0	1	
棕	1	1	1	10	±1%
红	2	2	2	100	±2%
橙	3	3	3	1000	
黄	4	4	4	10000	
绿	5	5	5	100000	±0.5%
蓝	6	6	6	1000000	±0.2%
紫	7	7	7	10000000	±0.1%
灰	8	8	8	100000000	
白	9	9	9	1000000000	-20%～+5%
金					±5%
银					±10%
无色环					±20%

2. 电阻测量方式

将万用表档位旋转至所需测量的电阻档，把红、黑表笔短接，调整电阻调零旋钮，使指针对准欧姆档“0”位（若不能调至零位，则说明电池电压不足，应更换电池），然后将测量笔跨接于被测电路的两端进行测量，准确测量电阻时，应选择合适的电阻档位，使指针指示在中间三分之一区域，测量电路中的电阻时，应先切断电源，电路中如有电容应先行放电，检查电解电容漏电电阻时，转动档位到 R×1kΩ 档，使红表笔接电容器负极，黑表笔接电容器正极。如图 4-8 所示。测量时请注意不能带电测量，同时被测电阻不能有并联支路。

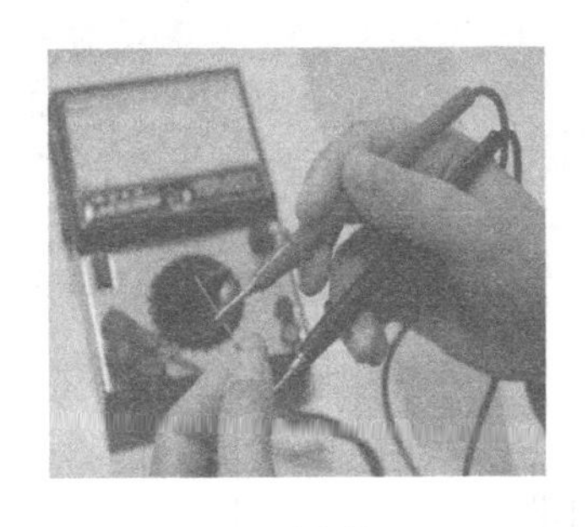

a) 正确方法

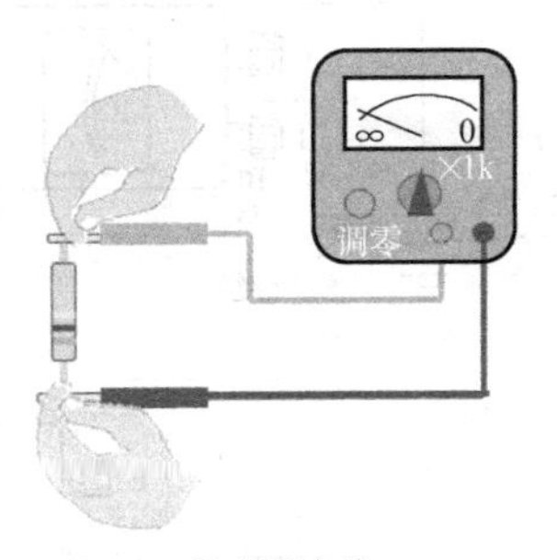

b) 错误方法

图 4-8　电阻的测量

4.3.4　三相异步电动机绕组绝缘电阻的测量及首尾端的判别

1. 三相异步电动机绕组绝缘电阻的测量

1）确认被测电动机确已切断电源，并将被测电动机绕组对地或短接放电。

2）绝缘电阻表正确连接。其中 L 为接线端，E 为接地端，G 为保护环，如图 4-9 所示，接线端钮要拧紧，L 线与 E 线应绝缘良好并避免绞在一起。首先检查绝缘电阻表，先将绝缘电阻表进行一次开路试验，摇动手柄并保持匀速 120r/min，指针应指到“∞”处，然后将 L 线与 E 线短路，缓慢摇动手柄，指针应指到“0”处，确认绝缘电阻表正常工作，否则应更换绝缘电阻表。

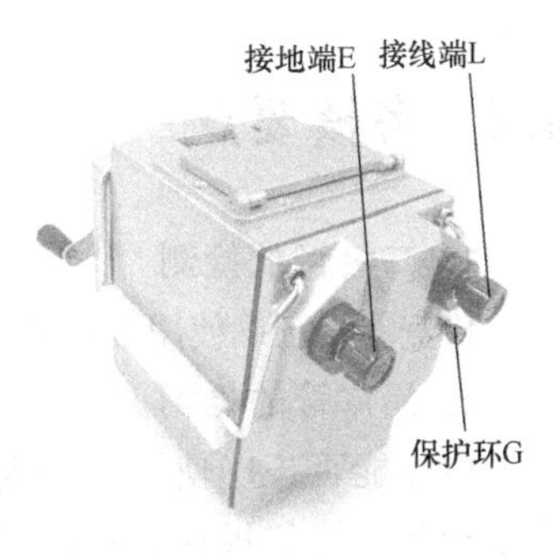

图 4-9　绝缘电阻表外形

3）测量绕组绝缘电阻时，一般只用 L 和 E 端，但在测量电缆对地的绝缘电阻或被测设备的漏电流较严重时，就要使用 G 端，将 G 端接屏蔽层，如图 4-10 所示。接好线路后，顺时针转动摇把，速度由慢而快至 120r/min，然后读数。

4）检查电动机时，L 连接电动机芯线，E 连接电动机外壳或与对地连接，如图 4-11 所示，检查接线良好后，摇动手柄的速度由慢逐渐加快，保持匀速 120r/min，分别测三相导体芯线，观察绝缘电阻表指示，指针应指到 500kΩ 以上，则表示电动机绝缘良好。

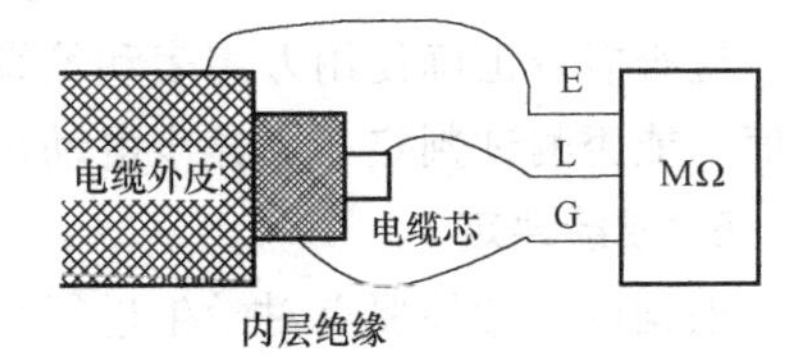

图 4-10　漏电流较严重时的测量方式

5）将表棒移开被测导体后，绝缘电阻表才能停止摇动手柄，以免电流回流损坏绝缘电阻表。

6）测绝缘后应将被测电动机线圈对地放电。

2. 三相异步电动机首尾端的判别

三相异步电动机首尾端的判别方法如图 4-12 所示，先用万用表测量出各个绕组，然后将万用表调至电流最小档，按图接线，接通直流电源瞬间，如万用表指针摆向大于零的一边，则电池正极接线头，与万用表负极（黑表笔）的线头同为首端或尾端；若反偏，则电池正极接线头，与万用表正极（红表笔）的线头同为首端或尾端。再将电池接到另一相两个线头实验，就可确定各相的头尾。测量完毕后一定注意要把量程置于最大量程档位。

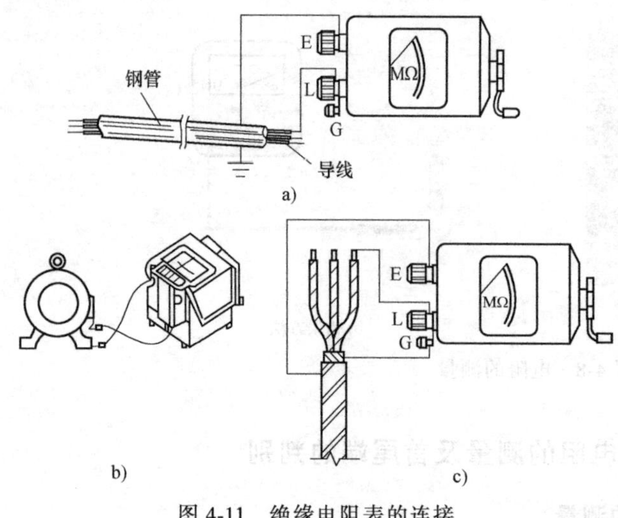

图 4-11 绝缘电阻表的连接

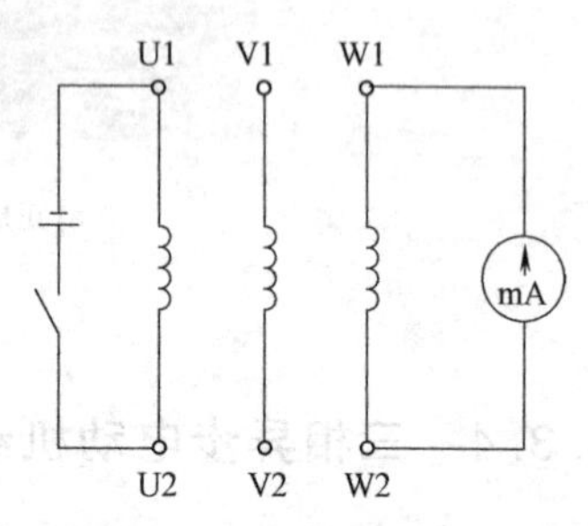

图 4-12 三相异步电动机首尾端的判别方法

4.4 考核要点

1. 二极管的检测

检查能否正确使用万用表，考查学生是否能按照操作要求正确使用万用表获得测量结果。

2. 晶体管的检测

检查能否正确使用万用表。考查学生是否能按照操作要求正确使用万用表测量晶体管的管型和晶体管的极性，获得正确结果。

3. 电阻的测量

检查能否正确识别电阻色环标识，考查学生能否按照操作要求正确使用万用表测量电阻阻值，获得正确结果。

4. 三相异步电动机绕组绝缘电阻的测量及首尾端的判别

检查能否正确使用万用表和绝缘电阻表。能否测试判定三相绕组之间的阻值及与外壳的阻值。能否测试判定三相异步电动机的首尾端。

5. 成绩评定

根据以上考核要点对学生进行成绩评定，见表 4-2，给出该项目实训成绩。

表 4-2 实训成绩评定表

实训项目内容	分值/分	考核要点及评分标准	扣分	得分
二极管测试	20	未能正确获得测量值，扣 5 分		
		未能正确判定正负极，扣 5 分		
		使用万用表出现错误，扣 10 分		
晶体管测试	30	未能正确判定基极，扣 5 分		
		未能正确判定集电极和发射极，扣 5 分		
		使用万用表出现错误，扣 10 分		

（续）

实训项目内容	分值/分	考核要点及评分标准	扣分	得分
电阻的测量	10	未能正确获得测量值，扣5分		
		使用万用表出现错误，扣10分		
三相异步电动机绕组绝缘电阻的测量及首尾端的判别	30	未能用绝缘电阻表正确测出绝缘电阻值，扣5分		
		使用绝缘电阻表出现错误，扣10分		
		未按正确的方法判别首尾端，每处扣5分		
安全、规范操作	5	每违规一次扣2分		
整理器材、工具	5	未将器材、工具等放到规定位置扣5分		
学　时	4学时	综合成绩		

4.5　相关知识点

4.5.1　万用表

万用表是一种多功能、多量程、便携式的仪器，是电子电气领域的一个基本的测量工具。它主要用于测量电阻、电流、电压等，高档万用表还可以测量电感、电容、晶体管参数等。普通的万用表有指针式万用表和数字式万用表两类。

1. 指针式万用表

（1）指针式万用表面板及表盘字符的含义

MF47型指针式万用表如图4-13所示，在万用表面板上，有一些特定的符号，这些符号标明万用表的一些重要性能和使用要求。在使用万用表时，必须按这些要求进行操作，否则会导致测量不准确、发生事故、万用表损坏，甚至造成人身危险等。万用表面板及表盘字符的含义见表4-3。

表4-3　万用表面板及表盘字符的含义

标志符号	意　义	标志符号	意　义
✳	公用端	1.5 ∨	以标度尺长度百分数表示的准确度等级
COM	公用端	⏚	接地端
A	电流端	— 或 ⎓	被测量为直流
mA	被测电流适合mA档的接入端	~	被测量为交流
5A	专用端（如5A）	•)))	具有声响的通断测试
+	正端	A-V-Ω	测量对象包括电流、电压、电阻
-	负端	⌒•	零点调节器
dB-1mW600Ω	在600Ω负载电阻上功耗1mW，定义为零分贝（dB）	20kΩ/V	表示直流电压灵敏度为20kΩ/V，有的也以20000/VDC表示
⊓	刻度盘水平放置使用	4kΩ/V~	表示交流电压灵敏度为4kΩ/V

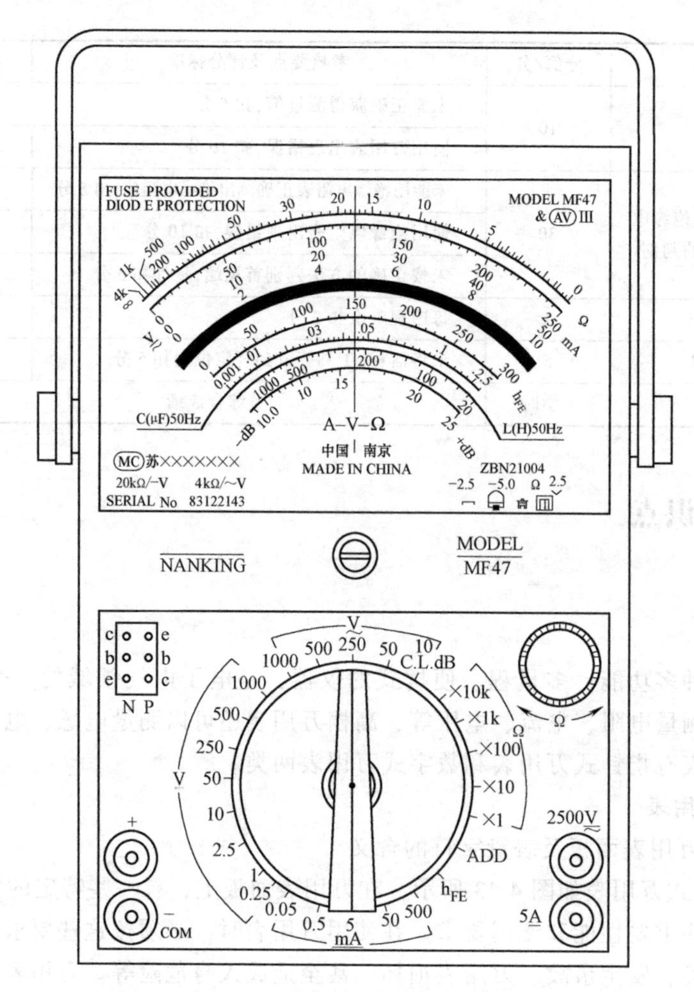

图 4-13 MF47 型指针式万用表

(2) 指针式万用表的主要性能指标

1) 准确度

准确度是指万用表测量结果的准确程度，即测量值与标准值之间的基本误差值。准确度越高，测量误差越小。万用表的准确度等级与基本误差见表 4-4。

表 4-4 万用表的准确度等级与基本误差

准确度等级	0.1	0.2	0.5	1.0	1.5	2.5	5.0
基本误差	±0.1%	±0.2%	±0.5%	±1.0%	±1.5%	±2.5%	±5.0%

2) 直流电压灵敏度

直流电压灵敏度是指使用万用表的直流电压档测量直流电压时，该档的等效内阻与满量程电压之比，单位是 Ω/V 或 kΩ/V，一般直接标注在万用表的表盘上。例如某万用表在 250V 电压档时的内阻为 2.5MΩ，其电压的灵敏度就为 $2.5\times10^{6}\Omega/250V$，即 10000Ω/V。

万用表的电压灵敏度越高，表明万用表的内阻越大，对被测电路的影响就越小，其测量结果就越准确。一般选用万用表的直流电压灵敏度要等于或大于 20kΩ/V。

3）交流电压灵敏度

交流电压灵敏度与直流电压灵敏度，除所测电压的交、直流有区别外，其他物理含义完全一样。一般选用交流电压灵敏度为 4kΩ/V。

4）中值电阻

中值电阻是当欧姆档的指针偏转至标度尺的几何中心位置时，所指示的电阻值正好等于该量程欧姆表的总内阻值。由于欧姆档标度的不均匀性，使欧姆表有效测量范围仅局限于基本误差较小的标度尺中央部分。

5）频率特性

频率特性是指万用表测量交流电时，有一定的频率范围，如超出规定的频率范围，就不能保证其测量准确度。一般便携式万用表的工作频率范围为 45～200Hz，袖珍式万用表的工作频率为 45～1000Hz。

（3）指针式万用表的使用方法

用万用表测量时一般分为四步，即“核档”、“调零”、“接表”和“读表”。

“核档”主要是核对转换开关的档位是否合适，但注意不能带电转换档位。核档时，一是要核对测量项目（电压、电流、电阻等参数）是否正确，避免误操作损坏万用表。二是要核对量程是否合适，若量程量限偏大，则读数不准；量程偏小，可能打弯表针或烧坏万用表。因此，读数时表针应指在中心值或最大刻度值的 1/2～2/3 处。

“调零”是指有些测量项目切换量程后要及时进行调零操作。如测量电阻等。

“接表”是把万用表的两只表笔接入被测电路中。红（+）表笔接高电位，黑（-）表笔接低电位。

“读表”是指表针停稳后在标度尺上读取被测参数的测量值。读表时，眼睛的视线要和刻度盘上的平面镜垂直，使表针与平面镜的影像重合。**注意：**读取数据后要进行倍率换算。

1）直流电流的测量

首先核对转换开关是否在“mA”档的合适量程上，然后将万用表与被测电路串联，电流从红（+）表笔流入，从黑（-）表笔流出，最后在“mA”标度尺上读出测量值。直流电流测量图如图 4-14 所示，当档位开关置于直流电流的“50mA”档位时，满量程应为 50mA，读数刻度为第二条刻度线，此时指针所指位置，读得的数据为 6. 8mA。

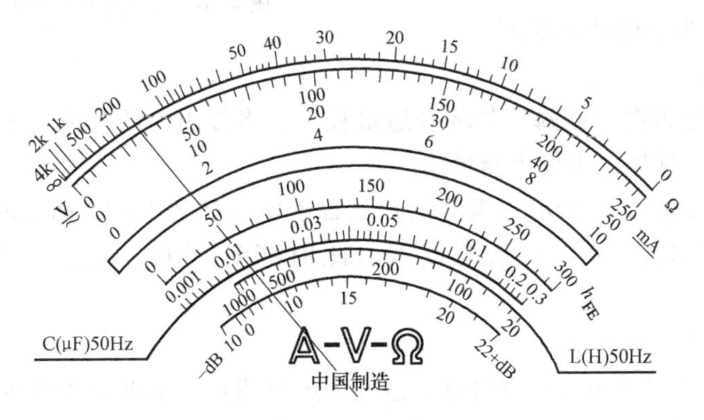

图 4-14　直流电流的测量

2）直流电压的测量

核对转换开关是否在“V”档的合适量程上，将万用表与被测电路并联，红（+）表笔接高电位，黑（-）表笔接低电位，在“V”标度尺上读出测量值。直流电压测量图如图 4-15 所示，当档位开关置于直流电压“250V”档位时，满量程应为 250V，读数刻度为第二条刻度线，此时指针所指位置，读得的数据为 83V。

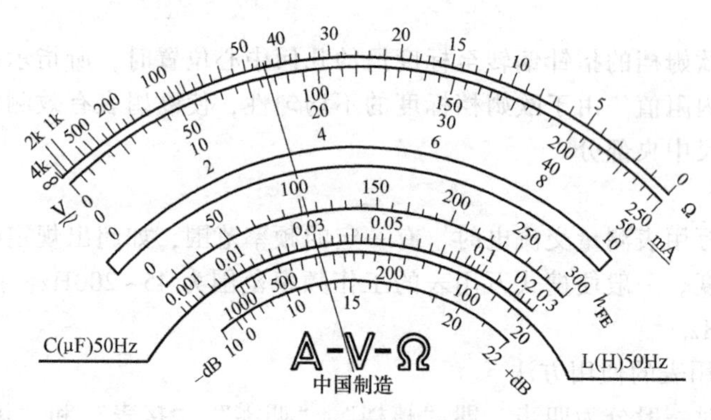

图 4-15　直流电压的测量

3）交流电压的测量

核对转换开关是否在“V”档的合适量程上，将万用表与被测电路并联，表笔不分+、-，在“V”标度尺上读出测量值。交流电压的测量图如图 4-16 所示，当档位开关置于交流电压的“250V”档位时，满量程应为 250V，读数刻度为第二条刻度线，此时指针所指位置，读得的数据为 177V。

4）电阻的测量

测量电阻是用万用表内的干电池做电源，其端电压随使用时间增长而下降，使工作电流减小，致使指针不在零位置上。所以，切换“欧姆”量程后要及时进行调零操作，即将两表笔短接，旋转“零点调节器”，使指针指零。如果不能使指针指零，则说明干电池电压不足，应更换新电池。

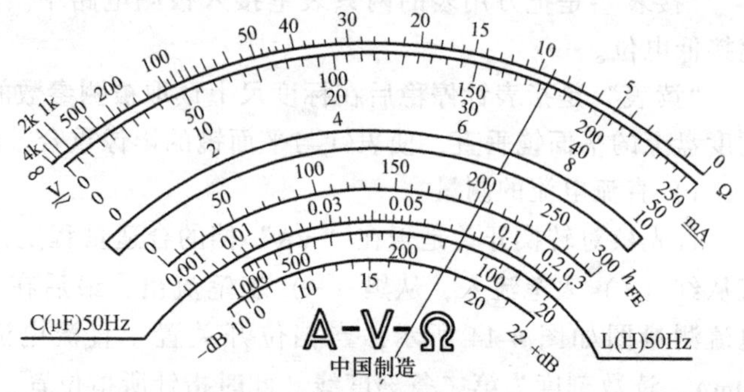

图 4-16　交流电压的测量

核对转换开关是否在“欧姆”档的合适量程上，将万用表的表笔（不分+、-）与电阻两端相接，在“Ω”标度尺上读出测量值。

电阻的测量图如图 4-17 所示，当档位开关置于电阻档的 R×1k 档位时，其值为读数刻度乘以 1kΩ，读数刻度为第一条刻度线，此时指针所指位置，读得的数据为 $42\times1k\Omega=42k\Omega$。

测量电阻时需注意以下事项：

① 测量电阻时严禁在被测电路带电的情况下进行测量，不得与其他导体并联。

② 用手持电阻测量时，两只手不得同时触及两个表笔的探针。

③ 在测量电阻的间断时间内，两支表笔不能长时间处于相碰状态，以免消耗电池的电能。

④ 读数时应使指针指在“Ω”标度尺中心附近。

5）晶体管直流放大系数的测量

核对转换开关是否在“ADJ”档位上，和“Ω”档“调零”相似，使指针指在 h_{FE} 尺右端的 300 标度上。“插管”时按晶体管管型（NPN 或 PNP），把引线端插入对应的引线端插孔 e、b、c 中，然后，可从“h_{FE}”标度尺上读取放大系数。

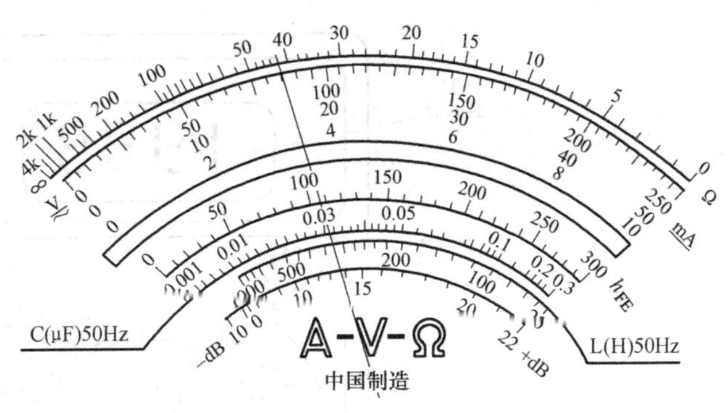

图 4-17　电阻的测量

晶体管直流放大系数的测量图如图 4-18 所示，当档位开关置于“h_{FE}”档位时，读数刻度为 h_{FE} 刻度线，此时指针所指位置，读得的数据为 124，即为晶体管直流放大系数。

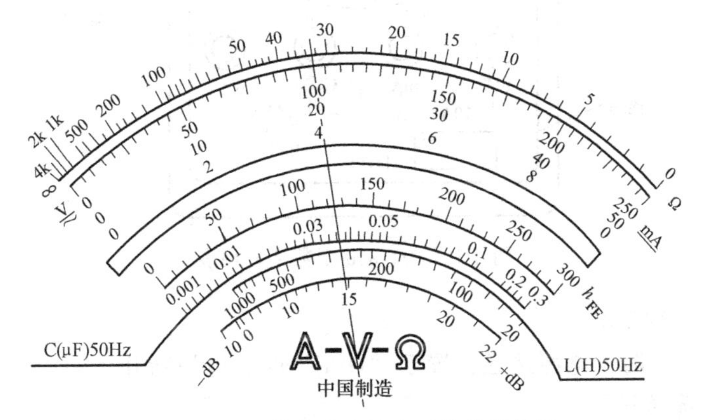

图 4-18　晶体管直流放大系数的测量图

使用万用表最为重要的是，一定要随时注意转换开关的位置和量程，严禁用电流档或电阻档去测量电压，稍有疏忽，就可能烧坏万用表。万用表使用完毕后，应将转换开关转拨至交流电压最大档位，以免他人误用而损坏。

2. DT-830 型数字万用表

DT-830 型数字万用表是以数字的方式直接显示被测量值的大小，十分便于读数。DT-830 型表是一种 $3\frac{1}{2}$位袖珍式仪表，与一般指针式万用表相比，该表具有测量准确度高、显示直观、可靠性好、功能全及体积小等优点。

数字万用表显示的最高位不能显示 0~9 的所有数字，即称作“半位”，写成“$\frac{1}{2}$”位。例如袖珍式数字万用表共有 4 个显示单元，习惯上叫“$3\frac{1}{2}$位”（读作“三位半”）数字万用表。

（1）DT-830 型万用表的面板功能

DT-830 型万用表的面板结构如图 4-19 所示，其面板中各部分的功能如下：

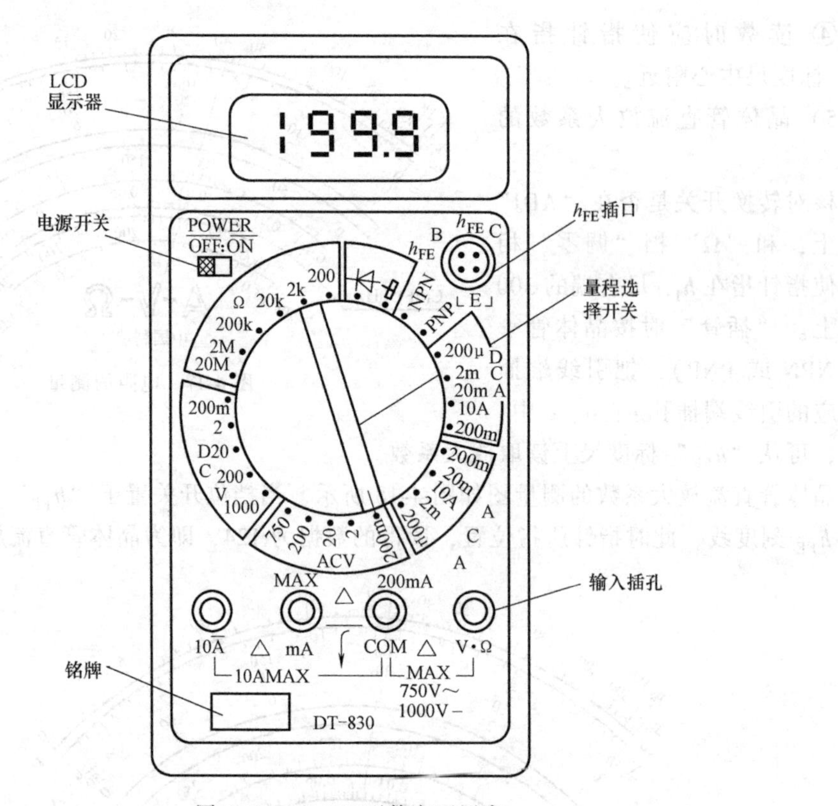

图 4-19　DT-830 型数字万用表

1）电源开关 POWER

开关置于“ON”时，电源接通；置于“OFF”时，电源断开。

2）功能量程选择开关

完成测量功能和量程的选择。

3）输入插孔

DT-830 型万用表共有 4 个输入插孔，分别标有“V · Ω”“COM”“mA”和“10A”。其中，“V · Ω”和“COM”两插孔间标有“MAX 750V ~、1000V -”字样，表示从这两个插孔输入的交流电压不能超过 750V（有效值），直流电压不能超过 1000V。

4）h_{FE} 插座（4 芯插痤）

标有 E、B、C 字样，其中 E 孔有两个，它们在内部是连通的，该插座用于测量晶体管的 hfe 参数。

5）液晶显示器

最大显示值为 1999 或-1999。

DT-830 型万用表可自动调零和自动显示极性。当万用表所用的 9V 叠层电池的电压低于 7V 时，低压指示符号被点亮；极性指示是指被测电压或电流为负时，符号“-”点亮；为正时，极性符号不显示。最高位数字兼作超量程指示。

（2）DT-830 型万用表的使用方法

1）电压的测量

将功能量程选择开关拨到“DCV”或“ACV”区域内恰当的量程档，将电源开关拨至

“ON”位置，即可进行直流或交流电压的测量。使用时将万用表与被测电路并联。

由“V·Ω”和“COM”两插孔输入的直流电压最大值不得超过允许值。另外应注意选择适当量程，所测交流电压的频率在 45~500Hz。

2）电流的测量

将功能量程选择开关拨到“DCA”区域内恰当的量程档，红表笔接“mA”插孔（被测电流小于 200mA）或接“10A”插孔（被测电流大于 200mA），黑表笔插入“COM”插孔，接通电源，即可进行直流电流的测量。使用时将万用表与被测电路串联，值得注意的是，由“mA”和“COM”两插孔输入的直流电流不得超过 200mA。

3）电阻的测量

将功能量程选择开关拨到“Ω”区域内恰当的量程档，红表笔接“V·Ω”插孔，黑表笔接入“COM”插孔，然后将电源开关拨至“ON”位置，即可进行电阻的测量。精确测量电阻时应使用低阻档（如 20Ω），可将两表笔短接，测出两表笔的引线电阻，并据此值修正测量结果。

4）晶体管的测量

将功能量程选择开关拨到“NPN”或“PNP”位置，将晶体管的 3 个管脚分别插入“h_{FE}”插座对应的孔内，将电源开关拨至“ON”位置，即可进行晶体管直流放大系数的测量。

5）电路通断的检查

将功能量程选择开关拨到蜂鸣器位置，红表笔接入“V·Ω”插孔，黑表笔接入“COM”插孔，将电源开关拨至“ON”位置，测量电路电阻，若被测电路电阻低于规定值（20Ω±10Ω）时，蜂鸣器发出声音，则表示电路是通的。

4.5.2 钳形电流表

钳形电流表的最大优点是能在不断开电路的情况下测量交、直流电流。有的钳形电流表还可以测量交流电压。例如，用钳形电流表可以在不切断电路的情况下，测量运行中的交流电动机的工作电流，从而很方便地了解其工作状况。

1. 钳形电流表的构造及原理

钳形电流表按结构原理不同分为互感器式和电磁式两种，前者可测量交流电流，后者既可测量交流电流也可测量直流电流。图 4-20a 为钳形电流表的外形图。互感器式钳形电流表由电流互感器和整流系电流表组成，如图 4-20b 所示。电流互感器铁心呈钳口形，当握紧钳形电流表的手柄时，其铁心张开如图 4-20c 虚线所示，把被测线放入，通电导体作为一次侧，二次侧产生感应电流，并送入整流系电流表进行测量，测出被测导体中的电流。

2. 钳形电流表的正确使用方法

1）在进行测量时用手捏紧手柄，铁心即张开，如图 4-20c 中虚线所示。被测载流导线的位置应放在钳口中间，防止产生测量误差，然后放开手柄，使铁心闭合，表头就有指示。

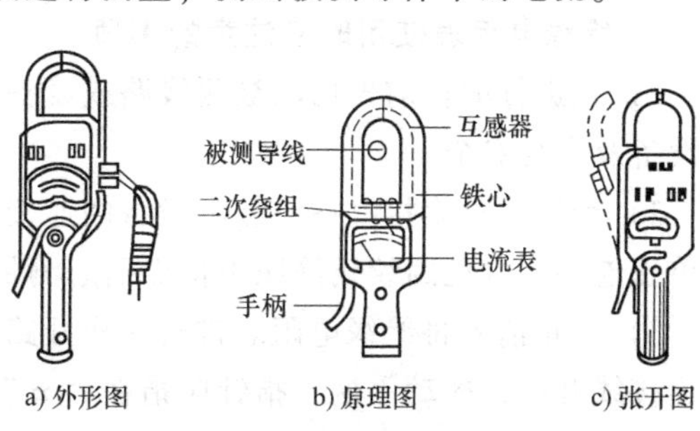

图 4-20 钳形电流表

2）测量时应先估计被测电流或电压的大小，选择合适的量程或先选用较大的量程测量，然后再根据被测电流、电压的大小减小量程，使读数超过刻度的1/2，以便得到较准确的读数。

3）为使读数准确，钳口两个面应保证很好的接合。如有杂声，可将钳口重新开合一次。如果声音依然存在，可检查在接合面上是否有污垢存在，如有污垢，可用汽油擦干净。

4）为了测量小于5A以下的电流时能得到较准确的读数，在条件许可时可把导线多绕几圈放进钳口进行测量，但实际电流值应为表的读数除以放进钳口内的导线根数。

4.5.3 绝缘电阻表

绝缘电阻表俗称兆欧表，是一种常用的、简便的、用于测量大电阻的直读式携带型仪表。绝缘电阻表分手摇发电机型、用交流电作电源型以及用晶体管直流电源变换器作电源的晶体管型三种，常用来测量电路、电机绕组、电缆及电气设备等的绝缘电阻。表盘上的标尺刻度以“MΩ”为单位。目前常用的绝缘电阻表多是手摇发电机型，如图4-9所示。

1. 绝缘电阻表使用的方法

（1）线路间绝缘电阻的测量

如图4-21a所示，被测两线路分别接在线路端钮“L”上和地线端钮“E”上，用左手稳住绝缘电阻表，右手摇动手柄，由慢逐渐加快，并保持在120r/min左右，持续1min，读出示数。

（2）电动机定子绕组与机壳间绝缘电阻的测量

如图4-21b所示，定子绕组接在“L”端钮上，机壳与“E”端钮连接。

（3）电缆缆芯对缆壳间绝缘电阻的测量

如图4-21c所示，将“L”端钮与缆芯连接，“E”端钮与缆壳连接，将缆芯与缆壳之间的内层绝缘物接于屏蔽端钮“G”上，以消除因表面漏电而引起的测量误差。

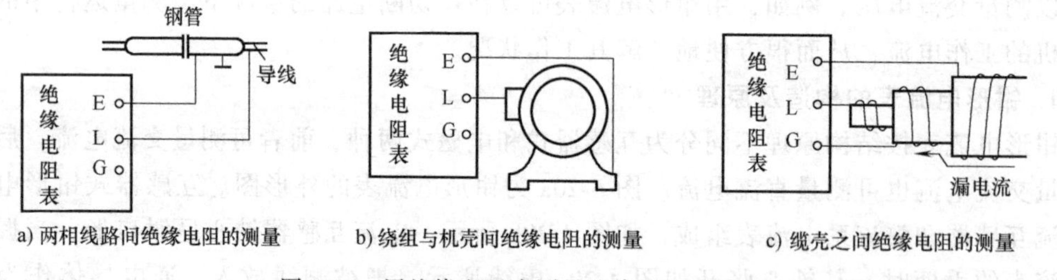

a) 两相线路间绝缘电阻的测量　b) 绕组与机壳间绝缘电阻的测量　c) 缆壳之间绝缘电阻的测量

图4-21　用绝缘电阻表测量绝缘电阻的接法

2. 绝缘电阻表使用时应注意的事项

1）在进行测量前先切断被测线路或设备电源，并进行充分放电（约需2~3min），以保障设备及人身安全。

2）绝缘电阻表接线柱与被测设备间连接导线不能用双股绝缘线或绞线，应用单股线分开单独连接，避免因绞线绝缘不良而引起测量误差。

3）测量前先将绝缘电阻表进行一次开路和短路试验，检查绝缘电阻表是否良好。若将两连接线开路，摇动手柄，指针应指在“∞”处，把两连接线短接，指针应立即指在“0”处，这说明绝缘电阻表是良好的；否则绝缘电阻表是有故障的。

4）测量时摇动手柄的速度由慢逐渐加快并保持 120r/min 左右的速度持续 1min 左右，这时才是准确的读数。如果被测设备短路指针指零，应立即停止摇动手柄，以防表内线圈发热损坏。

5）测量电容器及较长电缆等设备的绝缘电阻后，应立即将“L”端钮的连线断开，以免被测设备向绝缘电阻表倒充电而损坏仪表。

6）禁止在雷电时或在邻近有带高压电的导线或设备时使用绝缘电阻表。

7）选用绝缘电阻表量程范围时，一般应不要使其测量范围过多超出所需测量的绝缘电阻值，以免产生较大的读数误差。

8）测量完毕后，在手柄未完全停止转动和被测对象没有放电之前，切不可用手触及被测对象的测量部分或拆线，以免触电。

4.5.4　示波器

示波器是一种用荧光屏显示电信号随时间变化波形图像的电子测量仪器，是典型的时域测量仪器。它可直接测量被测信号的电压、频率、周期、时间、相位、调幅系数等参数，亦可间接观测电路的有关参数及元器件的伏安特性。下面以 YB4320 双踪四线示波器为例来介绍示波器的使用方法。

1. YB4320 示波器的面板结构

YB4320 示波器的面板结构如图 4-22 所示，各控制件的功能见表 4-5。

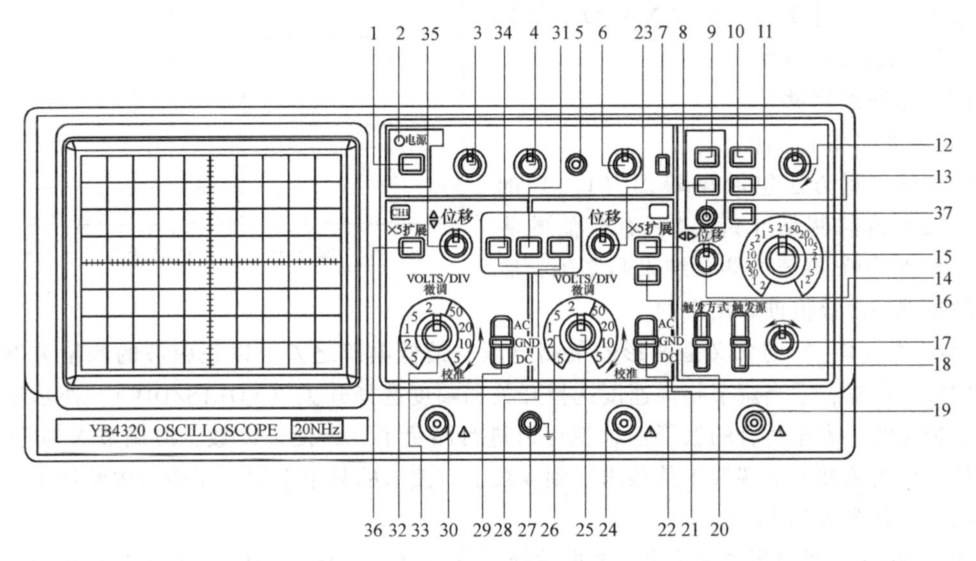

图 4-22　YB4320 示波器的面板结构

2. YB4320 示波器的使用方法

（1）仪器校准

1）亮度、聚焦、移位旋钮居中，扫描速度置 0.5ms/DIV 且微调为校正位置，垂直灵敏度置 10mV/DIV 且微调为校正位置。

2）通电预热，调节亮度、聚焦，使光迹清晰并与水平刻度平行（不宜太亮，以免示波管老化）。

表 4-5　YB4320 示波器的面板控制件功能表

序号	功　能	序号	功　能	序号	功　能
1	电源开关	14	水平位移	27	接地柱
2	电源指示灯	15	扫描速度选择开关	28	通道 2 选择
3	亮度旋钮	16	触发方式选择	29	通道 1 耦合选择开关
4	聚焦旋钮	17	触发电平旋钮	30	通道 1 输入端
5	光迹旋转旋钮	18	触发源选择开关	31	叠加
6	刻度照明旋钮	19	外触发输入端	32	通道 1 垂直微调旋钮
7	校准信号	20	通道 2×5 扩展	33	通道 1 幅度转换开关
8	交替扩展	21	通道 2 极性开关	34	通道 1 选择
9	扫描时间扩展控制键	22	通道 2 耦合选择开关	35	通道 1 垂直位移
10	触发极性选择	23	通道 2 垂直位移	36	通道 1×5 扩展
11	X-Y 控制键	24	通道 2 输入端	37	交替触发
12	扫描微调控制键	25	通道 2 垂直微调旋钮		
13	光迹分离控制键	26	通道 2 幅度转换开关		

3）用探极将仪器上的校正信号输入至 CH1 输入插座，调节 Y 移位与 X 移位，使波形与图 4-24 所示波形相符合。

4）用探极将仪器上的校正信号输入至 CH2 输入插座，调节 Y 移位与 X 移位，得到与图 4-23 相符合的波形。

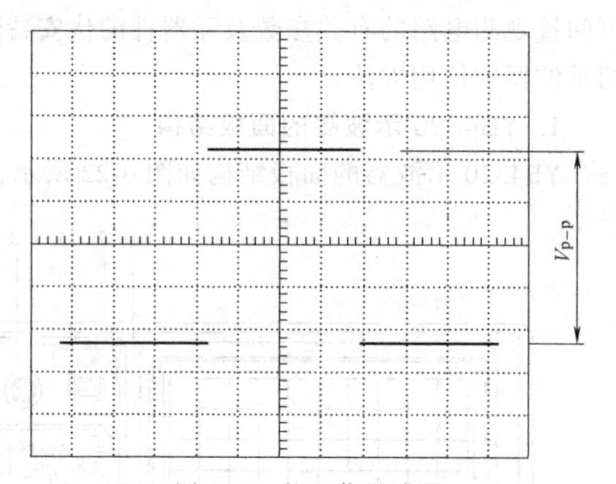

图 4-23　校正信号波形

（2）示波器测量

1）幅度的测量方法

幅度的测量方法包括峰-峰值（V_{p-p}）的测量、最大值的测量（V_{MAX}）、有效值的测量（V），其中峰-峰值的测量结果是基础，后几种测量都是由该值推算出来的。

峰-峰值（V_{p-p}）的含义是波形的最高电压与最低电压之差。以正弦波的测量为例，按正常的操作步骤，适当调节扫描速度选择开关和幅度选择开关（VOLTS/DIV），使示波器波形显示稳定的、大小适合的波形后，就可以进行测量了。为便于读数，应调节 X 轴和 Y 轴的位移，使正弦波的下端置于某条水平刻度线上，波形的某个上端位于垂直中轴线上，就可以读数了，如图 4-24 所示。

图 4-24b 中，可以很容易读出，波形的峰-峰值占了 6.2 格（DIV），如果 Y 轴增益旋钮被拨到 2/DIV，并且微调已拨到校准，则正弦波的峰-峰值 $V_{p-p}=6.2(\mathrm{DIV})\times 2(\mathrm{V/DIV})=12.4\mathrm{V}$。

测出了峰-峰值，就可以计算出最大值和有效值了。对于正弦波，这 3 个值有以下关系：

$$V_{MAX}=\frac{1}{2}V_{p-p}\qquad V=\frac{\sqrt{2}}{2}V_{MAX}$$

由此可计算出，$V_{MAX}=6.2\mathrm{V}$，$V\approx 4.38\mathrm{V}$。

2）周期和频率的测量方法

周期 T 的测量是通过屏幕上 X 轴来进行的。当适当大小的波形出现在屏幕上后，应调

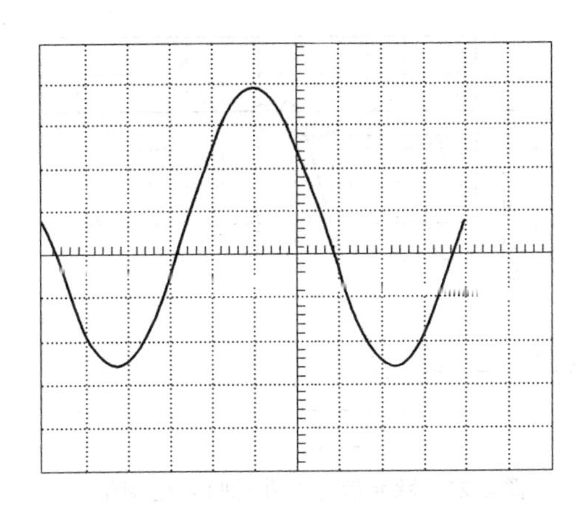

a) 波形的位置不利于读数

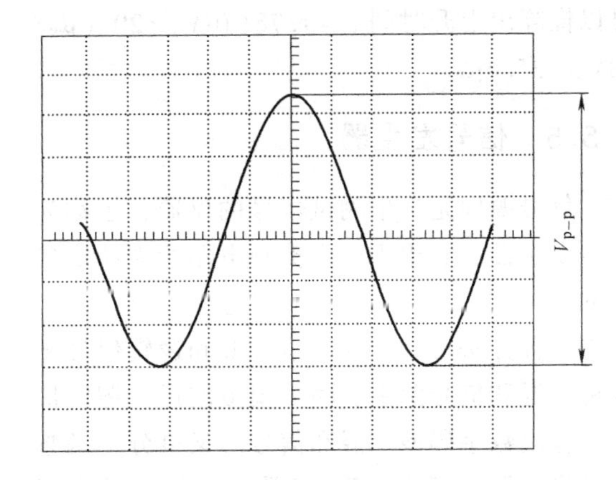

b) 波形的位置有利于读数

图 4-24　示波器上正弦波峰-峰值幅度的读数方法

整其位置，使其容易对周期 T 进行测量，最好的办法是利用其过零点，将正弦波的过零点放在 X 轴上，并使左边的一个位于某竖刻度线上，如图 4-25 所示。

图中所示正弦波周期占了 6.5 格（DIV），如果扫描旋钮已被拨到的刻度为 5ms/DIV，则可以推算出其周期 $T=6.5(\mathrm{DIV})\times5(\mathrm{ms/DIV})=32.5\mathrm{ms}$。同时，根据周期与频率的关系：$f=1/T$，可推算出，正弦波的频率 $f=1/T=\dfrac{1}{32.5\mathrm{s}\times10^{-3}}\approx30.77\mathrm{Hz}$。

为了使周期的测量更为准确，可以用图 4-26 所示的多个周期的波形来进行测量。

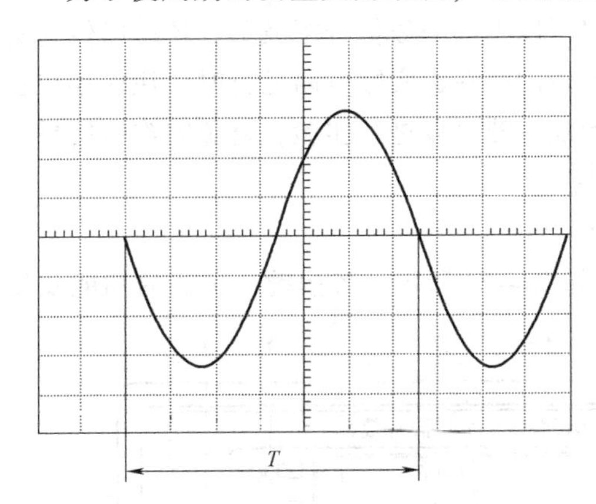

图 4-25　正弦波周期的测量

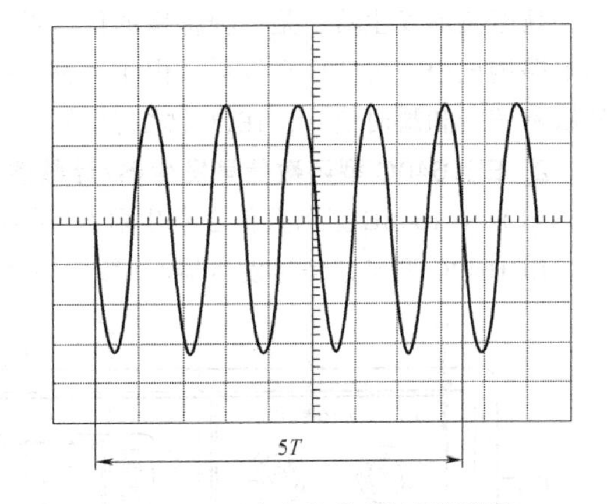

图 4-26　用多个波形进行周期测量

3）上升时间和下降时间的测量方法

在数字电路中，脉冲信号的上升时间 t_r 和下降时间 t_f 十分重要。上升时间和下降时间的定义是：以低电平为 0%，高电平为 100%，上升时间是电平由 10%上升到 90%时所使用的时间，而下降时间则是电平由 90%下降到 10%时所使用的时间。

测量上升时间和下降时间时，应将信号波形展开使上升沿呈现出来并达到一个有利于测量的形状，再进行测量，如图 4-27 所示。

图中波形的上升时间占了 1.78 格（DIV），如果扫描旋钮已被拨到的刻度为 20μs/DIV，可以推算出上升时间 $t_r = 1.78(\mathrm{DIV}) \times 20\ (\mu s/\mathrm{DIV}) = 35.6\mu s$。

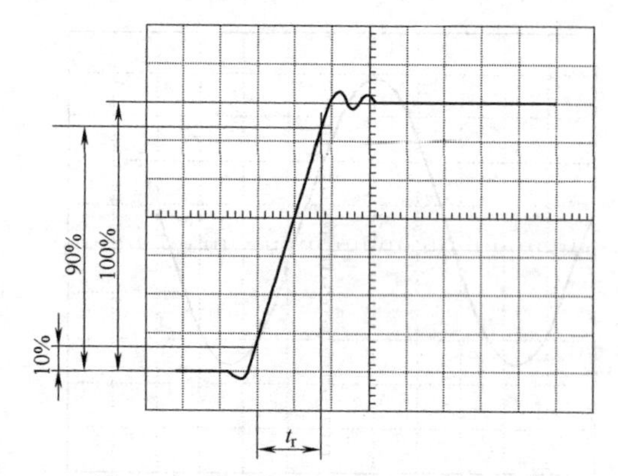

图 4-27　脉冲信号上升时间 t_r 的测量

4.5.5　信号发生器

信号源即是产生测试信号的仪器，也称为信号发生器，它用于产生被测电路所需特定参数的电测试信号。信号源有很多种分类方法，其中一种方法可分为混和信号源和逻辑信号源两种。混和信号源主要输出模拟波形；逻辑信号源输出数字码型。混和信号源又可分为函数信号发生器和任意波形/函数发生器，其中函数信号发生器输出标准波形，如正弦波、方波等，任意波形/函数发生器输出用户自定义的任意波形；逻辑信号发生器又可分为脉冲信号发生器和码型发生器，其中脉冲信号发生器驱动较小个数的方波或脉冲波输出，码型发生器生成许多通道的数字码型。

1. 信号发生器的分类

(1) 函数信号发生器

函数信号发生器是使用最广的通用信号源，提供正弦波、锯齿波、方波和脉冲波等波形，有的还同时具有调制和扫描功能。

(2) 任意波形发生器

任意波形发生器，是一种特殊的信号源，不仅可以生成一般信号源波形，还可以仿真实际电路测试中需要的任意波形。由于各种干扰和响应的存在，实际电路运行时，往往存在各种缺陷信号和瞬时信号，在设计之初使用任意波形发生器可以进行实验，避免灾难性后果。

2. EE1640C 型函数信号发生器/计数器的使用

(1) EE1640C 型函数信号发生器/计数器简介

EE1640C 型函数信号发生器/计数器整体面板如图 4-28 所示，各按键、旋钮的功能及使

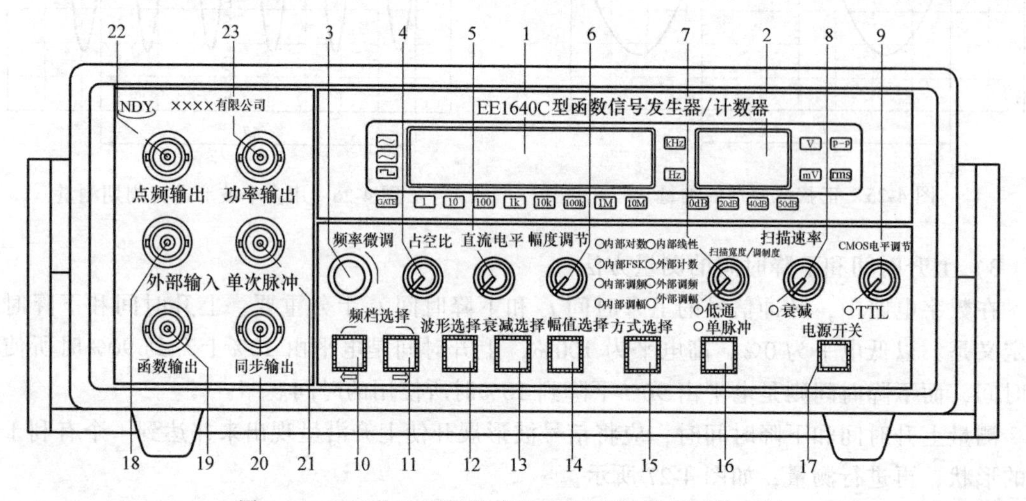

图 4-28　EE1640C 型函数信号发生器/计数器整体面板

用方法见表4-6。

表4-6　EE1640C型函数信号发生器/计数器按键、旋钮的功能及使用方法

序号	按键/旋钮名称	功能及使用方法
1	频率显示窗口	显示输出信号的频率或外测频信号的频率
2	幅度显示窗口	显示函数输出信号的幅度
3	频率微调电位器	调节此旋钮可改变输出频率的1个频程
4	输出波形占空比调节旋钮	调节此旋钮可改变输出信号的对称性。当电位器处在中心位置时，则输出对称信号；当此旋钮关闭时，也输出对称信号
5	函数信号输出信号直流电平调节旋钮	调节范围：-10～+10(空载)，-5～+5V(50Ω负载)。当电位器处在中心位置时，则为0电平；当此旋钮关闭时，也为0电平
6	函数信号输出幅度调节旋钮	调节范围20dB
7	扫描宽度/调制度调节旋钮	调节此电位器可调节扫频输出的频率宽度。在外测频时，逆时针旋到底(绿灯亮)，为外输入测量信号经过低通开关进入测量系统。在调频时，调节此电位器可调节频偏范围；调幅时，调节此电位器可调节调幅调制度；FSK调制时，调节此电位器可调节高低频率差值，逆时针旋到底时为关调制
8	扫描速率调节旋钮	调节此电位器可以改变内扫描的时间长短。在外测频时，逆时针旋到底(绿灯亮)，为外输入测量信号经过衰减“20dB”进入测量系统
9	CMOS电平调节旋钮	调节此电位器可以调节输出的CMOS的电平。当电位器逆时针旋到底(绿灯亮)时，输出为标准的TTL电平
10	左频段选择按钮	每按一次此按钮，输出频率向左调整一个频段
11	右频段选择按钮	每按一次此按钮，输出频率向右调整一个频段
12	波形选择按钮	可选择正弦波、三角波、脉冲波输出
13	衰减选择按钮	可选择信号输出的0dB、20dB、40dB、60dB衰减的切换
14	幅值选择按钮	可选择正弦波的幅度显示，使其在峰-峰值与有效值之间切换
15	方式选择按钮	可选择多种扫描方式、多种内外调制方式以及外测频方式
16	单脉冲选择按钮	控制单次脉冲输出，每按动一次此按键，单次脉冲输出(21)电平翻转一次
17	整机电源开关	此按键按下时，机内电源接通，整机工作；此键释放为关掉整机电源
18	外部输入端	当方式选择按钮(15)选择在外部调制方式或外部计数时，外部调制控制信号或外测频信号由此输入
19	函数输出端	输出多种波形受控的函数信号，输出幅度$20V_{p-p}$(空载)，$10V_{p-p}$(50Ω负载)
20	同步输出端	当CMOS电平调节旋钮(9)逆时针旋到底时，输出标准的TTL幅度的脉冲信号，输出阻抗为600Ω；当CMOS电平调节旋钮打开时，则输出CMOS电平脉冲信号，高电平在5～13.5V可调
21	单次脉冲输出端	单次脉冲输出由此端口输出
22	点频输出端(选件)	提供50Hz的正弦波信号
23	功率输出端(选件)	提供≥10W的功率输出

（2）EE1640C型函数信号发生器/计数器的应用

1）输出标准的TTL幅度的脉冲信号

①选择同步输出端，CMOS电平调节旋钮逆时针旋到底，输出标准的TTL幅度的脉冲

信号如图 4-29 所示。

② 示波器显示读数：$V_{p-p}=2V/DIV\times2DIV=4V$。

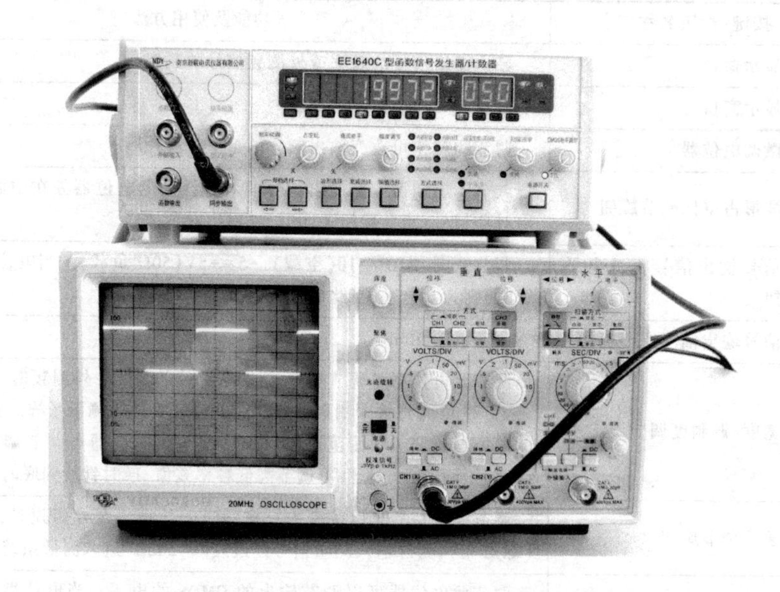

图 4-29　输出标准的 TTL 幅度的脉冲信号

2）输出 $f=2kHz$，$V_{p-p}=5V$ 的正弦波

① 选择正弦波形，调整频率为 2kHz，幅度 V_{p-p} 为 5V。

② 选择函数输出端，接入示波器 CH1 通道，耦合方式选择 AC，CH2 耦合方式选择 GND，显示地线，双踪波形显示如图 4-30 所示。

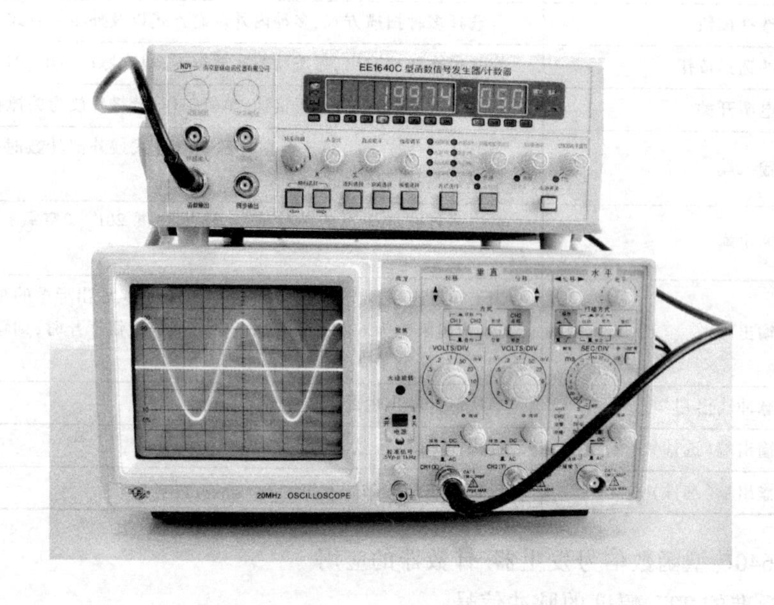

图 4-30　输出频率为 2kHz、幅度 V_{p-p} 为 5V 的正弦波

4.5.6　可调直流稳压电源

1. 面板说明

MS305D稳压电源面板如图4-31所示，图中各序号的功能和使用方法如下：

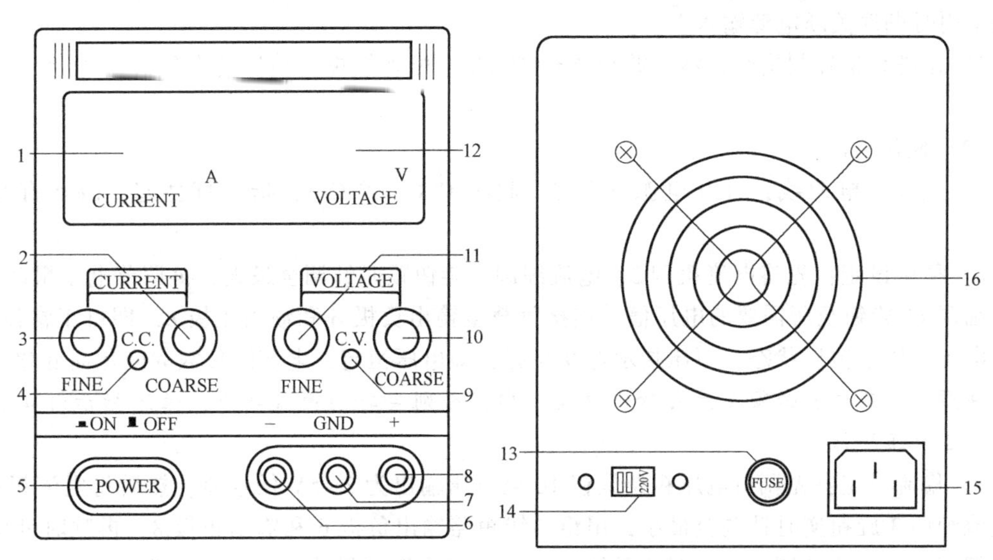

图4-31　MS305D稳压电源面板

1）电流显示：用于显示当前电流值，单位：安培（A）。

2）电流粗调：用于粗略调节稳流时的电流值，可配合3）调节稳流值。

3）电流细调：用于精细调节稳流时的电流值，可配合2）调节稳流值。

4）恒流指示灯：C.C.恒流指示灯，此灯亮起时表明电源处于稳流工作状态。

5）电源开关：用于打开或关闭电源，按下为打开。

6）输出负极：电源输出“-”负极。

7）接地端子：安全地线端子，与电源外壳相连。

8）输出正极：电源输出“+”正极。

9）恒压指示灯：C.V.恒压指示灯，此灯亮起时表明电源处于稳压工作状态。

10）电压粗调：用于粗略调节稳压时的电压值，可配合11）调节稳压值。

11）电压细调：用于精细调节稳压时的电压值，可配合10）调节稳压值。

12）电压显示：用于显示当前电压值，单位：伏特（V）。

13）熔丝：电源熔丝。更换熔丝须拔下插头，逆时针旋下更换。

14）输入电压切换开关：AC110V/220V输入电压切换，默认不带此切换开关。

15）电源输入插座：与附带的电源线连接，接通电源。

16）散热风扇：用于电源风冷散热。智能风扇，根据负载的状况自动调节风扇转速，有效降低噪声，延长风扇寿命。

2. 使用说明

（1）通电前的准备

1）确认输入电压是否在标称范围之内AC110V（99~121V）或AC220V（198~242V），

带切换的电源请确认切换电压是否正确，否则可能导致本电源损坏！

2）电源四周至少要留有 10cm 以上散热空间，工作环境温度不能高于 40℃，湿度 <80%，不能用于有酸碱气体、粉尘超标的场所。防止雨淋、日晒、剧烈震动的场所使用。

3）输入电源线径要足够，建议选择 $0.5mm^2$ 以上的铜线，加装控制开关是有必要的，以便不用时彻底关断电源输入。

4）在进行精确测量时，本电源须预热 10min，可外接更高精度的电压表和电流表进行测量。

（2）操作方法

1）连接好电源线，打开电源开关 5。此时 C.C. 或 C.V. 指示灯亮起，LED 有数字显示。

2）稳压设定：先将电流粗调 2、电流细调 3 旋钮顺时针调至最大，再调节电压粗调 10、电压细调 11 旋钮至所需要的电压值，连接负载至输出负极 6 和输出正极 8，即可正常使用。此时电源工作于恒压状态，恒压指示灯 9 亮起，即电压恒定，电流随负载的变化而变化。

注意：负载电流必须在最大输出电流以内，否则会转为恒流状态，恒流指示灯 4 会亮起，输出电压降低。

3）稳流设定：先调节电压粗调旋钮 10 至电压输出为 3~5V 任意值，然后将电流粗调 2 和电流细调 3 旋钮逆时针调至最小，用粗导线短路输出负极 6 和输出正极 8，再顺时针调节电流粗调 2 和电流细调 3 旋钮至所需的电流值，拆除短路导线，调节电压粗调 10 和电压细调 11 旋钮至所需的电压值，连接负载到电源的输出负极 6 和输出正极 8，即可正常使用。此时电源应工作于稳流状态，恒流指示灯 4 应亮起，即电流恒定，电压随负载的变化而变化。

注意：如果恒流指示灯 4 未亮起，则表明电源未工作在稳流状态，此时应加大负载或更改稳流值，让电源工作于稳流状态。

（3）注意事项

1）输入、输出线径要足够，以免因大电流发热而产生意外。定期检查接线端子是否旋紧，以免因接线端子松动，接触电阻较大而烧坏端子。

2）本电源采用智能风扇，电源会根据负载的状况自动调节转速。空载低电压情况下风扇可能会停止旋转。当带上负载后风扇即会旋转。采用智能风扇能有效降低风扇运转产生的噪声，延长风扇的使用寿命。

3）不可频繁地打开、关闭电源，时间间隔至少 10s 以上，以免降低电源寿命。

4）为减小纹波系数及用电安全考虑，需将电源输出负极 6 或正极 8 端子与接地端子 7 可靠连接。

4.6 能力拓展

晶闸管管型及管脚判断。

任务目标：利用万用表、信号发生器、示波器等电子测量设备对晶闸管进行测量，判断管型和管脚。

实训项目5

智能抢答器的设计与实现

5.1 学习要点

1）熟悉中小规模集成电路D锁存器、与非门及发光二极管的使用方法。

2）熟悉智能抢答器的工作原理和简单数字系统的设计方法。

3）了解简单数字系统的实验、调试方法和简单故障排除方法。

4）了解锡焊原理及电烙铁的结构。

5）熟练掌握电烙铁的使用方法。

6）掌握电子电路焊接技术。

5.2 项目描述

1）通过智能抢答器的设计任务，让学生具备电路单元分析与设计能力；具备原材料测试能力；具备电子产品的制作、调试能力。

2）通过智能抢答器焊接与调试任务，让学生了解电烙铁的组成结构，具备检测电烙铁好坏并对其进行维护的技能。具备对元器件进行熟练焊接的技能，具备调试整体电路的技能。

5.3 项目实施

5.3.1 智能抢答器的设计

1. 设计原理

若干人参加智力竞赛，抢答开始时，由主持者清除信号，按下复位开关，所有显示电路熄灭。当主持人宣布“开始”，首先作出判断的参赛者按下按钮，相应的显示电路灯亮，显示抢答器的组别，并发出声音提示。此时该电路信号通过锁定电路，不再接收其他电路信号，直到主持人再次清除信号为止。智能抢答器工作原理框图如图5-1所示。

2. 单元电路的分析与设计

（1）指令电路

图5-2所示为指令电路。由A、B、C、D开关、4只1M电阻组成回路指令控制电路，

分别送入功能执行选择电路的输入端进行电路选择，当某一开关先于其他开关置“1”，U_{DD}则加入，则对应的一路显示电路工作，其他指令开关无效。

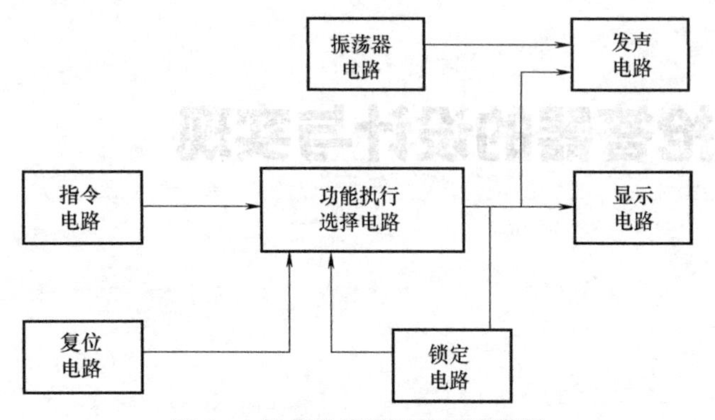

图 5-1 智能抢答器工作原理框图

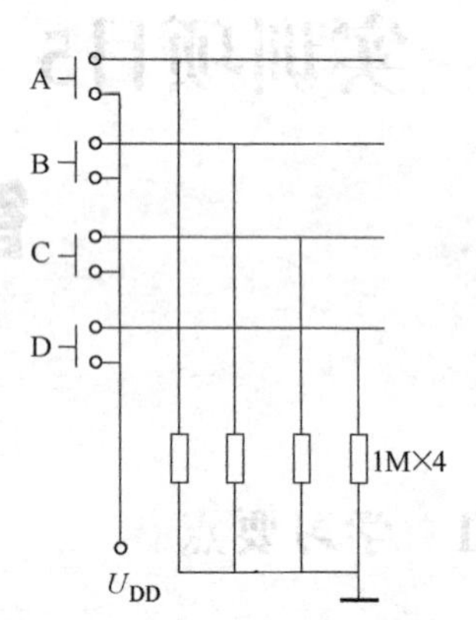

图 5-2 智能抢答器指令电路

（2）复位电路

图 5-3 所示为复位电路。当按下复位按钮，则给功能执行选择电路 E 端一个高电位“1”的复位信号，使其强制复位，各路显示为零。

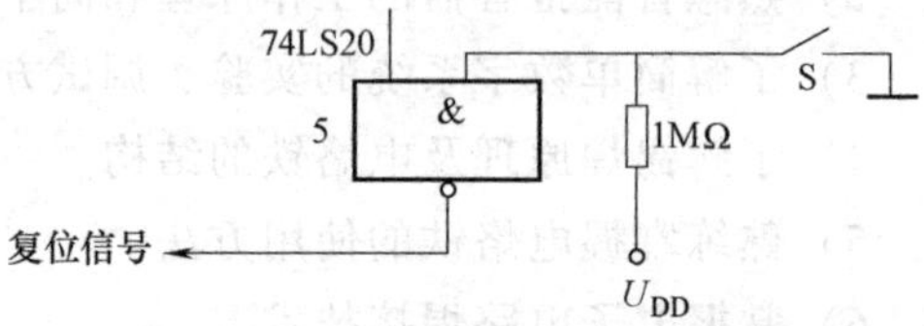

图 5-3 智能抢答器复位电路

（3）锁定电路

图 5-4 所示为锁定电路。当执行选择电路输出为某一电路时，该对应电路显示发光，同时另一路径 74LS20→复位电路→E 端进行锁定，其他指令电路的输入功能执行选择电路则不予执行，直到复位信号置“1”到功能执行选择电路 E 端后。

（4）功能执行选择电路

图 5-5 所示为功能执行选择电路。当数据输入端 D1、D2、D3、D4 接收到某一指令信号，则对其他后到的指令信号进行锁存，输出接收指令信号相对应的显示电路与发光电路。

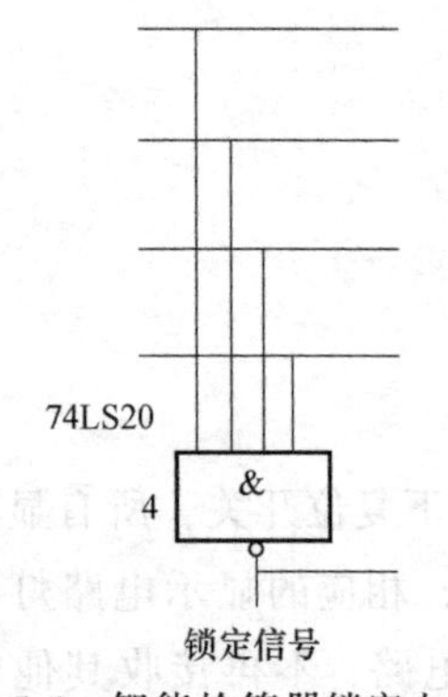

图 5-4 智能抢答器锁定电路

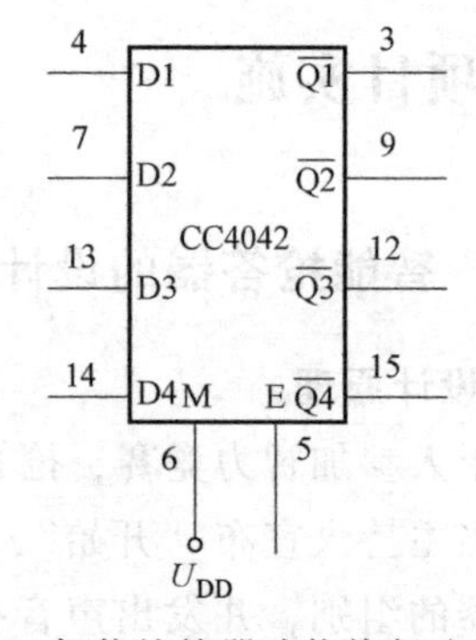

图 5-5 智能抢答器功能执行选择电路

（5）显示发光电路

图 5-6 所示为显示发光电路，由发光二极管和与门 74LS08 等组成，当某一显示发光电路接收到来自功能执行选择电路信号，则该路发光二极管发光，表示该路抢答成功。

（6）发声电路

图 5-7 所示为发声电路，由扬声器、晶体管、3DD15、与门 74LS08 和电阻组成，当任一电路接到来自功能执行选择电路信号，则该电路均发出声响，告知抢答成功。

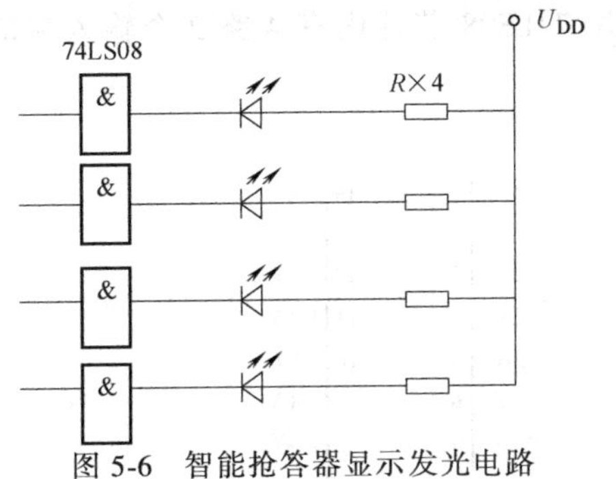

图 5-6　智能抢答器显示发光电路

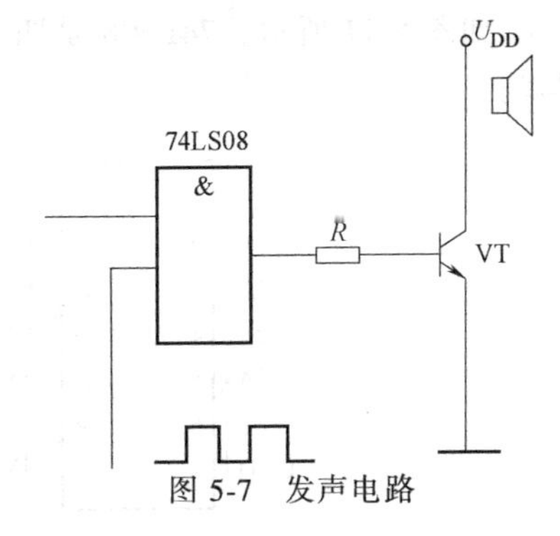

图 5-7　发声电路

（7）振荡器电路

图 5-8 所示为振荡器电路，由反相器 74LS04、电阻、电容组成环形振荡器，振荡频率由电阻、电容确定，该电路振荡频率约为 1kHz。

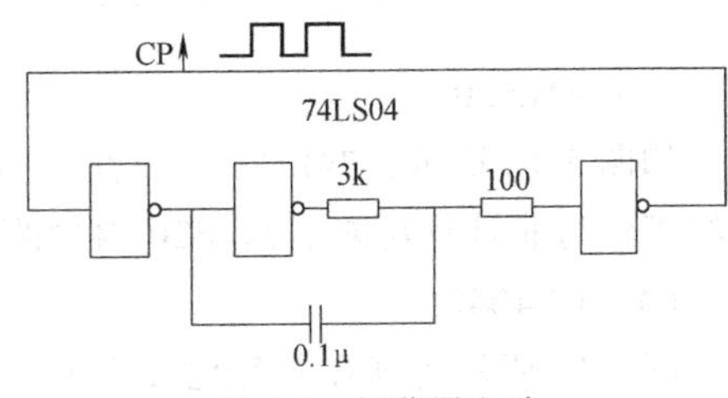

图 5-8　振荡器电路

3. 总体电路确定

根据设计要求和各单元电路的设计，智能抢答器的总体电路如图 5-9 所示。

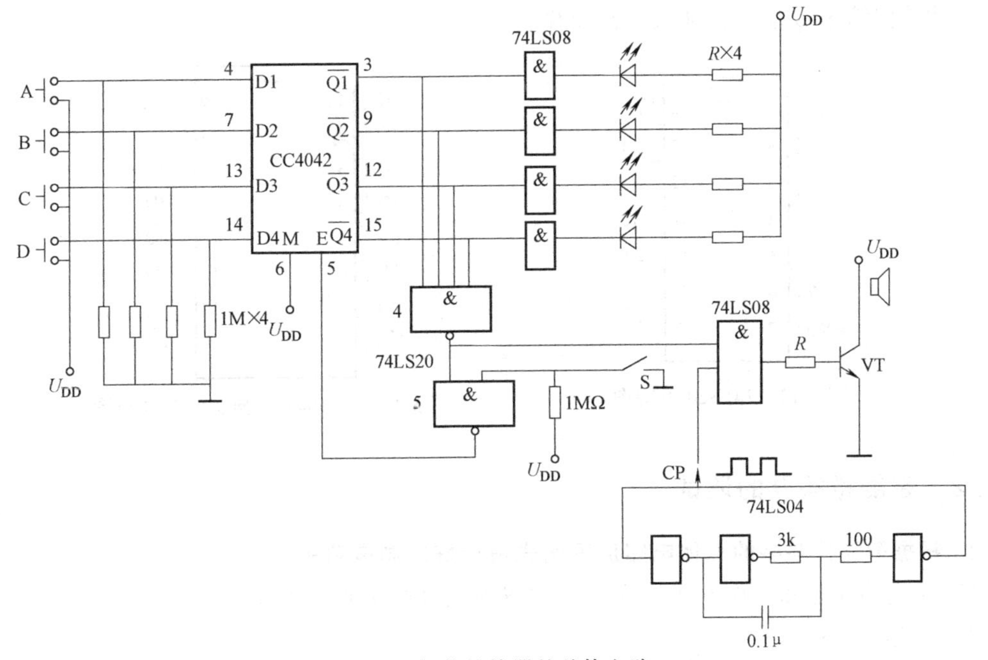

图 5-9　智能抢答器的总体电路

4. 集成元器件参数

（1）74LS04

如图 5-10 所示，74LS04 是带有 6 个非门的芯片，是 6 输入反相器，也就是有 6 个反相器，它的输出信号与输入信号相位相反。6个反相器共用电源端和接地端，其他都是独立的。工作电压为5V。

（2）74LS08

如图5-11所示，74LS08是四二输入与门，即一片74LS08芯片内有4路2个输入端的与门。

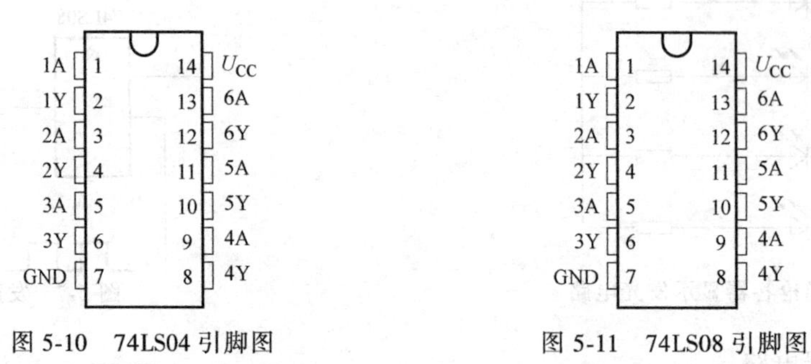

图5-10 74LS04引脚图　　图5-11 74LS08引脚图

（3）74LS20

如图5-12所示，74LS20是常用的双四输入与非门集成电路，其逻辑功能是完成4个输入的逻辑与非计算功能。74LS20内含两组四输入与非门。

（4）CC4042

图5-13所示为锁存D型触发器CC4042。CC4042内含4个独立的锁存D型触发器，4个D型触发器共用时钟脉冲端CP和极性选择端。只有当CP与极性选择端逻辑状态相同时，D端数据才被传输至Q端，否则数据被锁存。

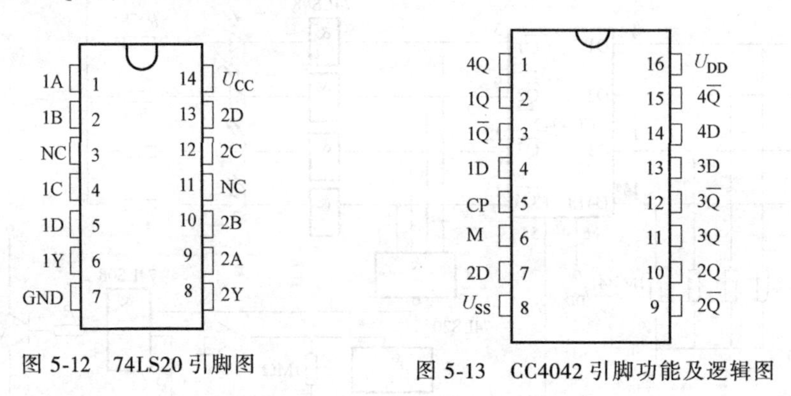

图5-12 74LS20引脚图　　图5-13 CC4042引脚功能及逻辑图

5.3.2 智能抢答器的调试

1. 根据智能抢答器的总体电路原理图先设计好印制电路板

1）按电路原理图制作PCB文件，按要求对其进行布局和布线。

2）制作单面板。

2. 检查元器件的质量

1）检测固定电阻器。

2）检测发光二极管。

3）检测74LS××系列芯片性能。

4）检测晶体管。

3. 组装焊接电路板

注意集成块组件的引脚，色环电阻值是否正确，晶体管的质量、发光二极管的正负极等。

4. 电路安装完成后调试

开关 A、B、C、D 都置“0”，准备抢答，开关 S 置“0”，发光二极管全灭后，再将其置“1”。抢答开始，A、B、C、D 任一个开关置“1”，观察发光二极管的亮、灭，扬声器是否发声；然后将其他三个开关任一个置“1”，观察发光二极管的亮、灭是否有改变，扬声器是否发声。

1）把焊接好的电路按照相应的连接方法接到检测电路上。

2）按下按钮开关，观察相应的灯的状态，看能不能正常工作，然后听扬声器能不能发出声音。

3）如果相应的灯亮且扬声器可以正常发声，则说明电路可以正常工作。然后按下复位键，再调试其他的键，如果相应的灯亮且扬声器也可以正常发声，则说明电路可以正常工作。

5.4　考核要点

1. 智能抢答器的设计

1）检查是否能够完成智能抢答器电路功能框图的设计，并理解和说明电路框图功能及联系。

2）检查是否能够根据设计框图完成智能抢答器各部分电路的设计，并对各部分电路功能进行分析和说明。

3）检查是否具有将单元电路设计整合成一个整体电路的能力，并完成电路的仿真，保证设计电路的可行性。

2. 智能抢答器的焊接与调试

1）检查是否能够编制原材料清单，列出原材料名称、型号、参数、数量等信息，同时完成所有元器件功能测量，保证元器件外形完好、功能完整。

2）检查是否能够保证元器件安装符合要求，保证焊接点满足焊接工艺要求。

3）检查是否能够完成产品功能的调试，使其满足设计要求。

3. 成绩评定

根据以上考核要点对学生进行成绩评定，见表 5-1，给出该项目实训成绩。

表 5-1　实训成绩评定表

实训项目内容	分值/分	考核要点及评分标准	扣分/分	得分/分
智能抢答器电子产品的设计	50	不能正确绘制电路功能框图和电路原理图，扣 20 分		
		不能完成各部分电路的设计，每处扣 3 分		
		没给各部分电路功能进行分析和说明，每个扣 2 分		
		设计的电路仿真不能正常工作，扣 20 分		

（续）

实训项目内容	分值/分	考核要点及评分标准	扣分/分	得分/分
智能抢答器元器件的焊接和拆焊	40	没有编制原材料清单，扣10分		
		焊剂使用与焊接方式不正确，扣5分		
		元器件焊接质量差，虚焊、漏焊过多，每处扣5分		
		电路不能正常工作，扣20分		
安全、规范操作	5	每违规一次扣2分		
整理器材、工具	5	未将器材、工具等放到规定位置扣5分		
学　时	4学时	综合成绩		

5.5　相关知识点

5.5.1　焊接工具

锡焊技术采用以锡为主的锡合金材料作焊料，在一定温度下焊锡熔化，金属焊件与锡原子之间相互吸引、扩散、结合，形成浸润的结合层。外表看来印制板铜箔及元器件引线都是很光滑的，实际上它们的表面都有很多微小的凹凸间隙，熔流态的锡焊料借助于毛细管吸力沿焊件表面扩散，形成焊料与焊件的浸润，把元器件与印制板牢固地粘合在一起，而且具有良好的导电性能。

电烙铁是手工焊接的基本工具，其作用是加热焊接部分，融化焊料，使焊料和被焊金属连接起来。电烙铁一般分为：外热式电烙铁、内热式电烙铁及恒温式电烙铁几类。

（1）外热式电烙铁

外热式电烙铁的外形如图5-14所示，它由烙铁头、烙铁心、外壳、手柄、电源线和插头等部分组成。

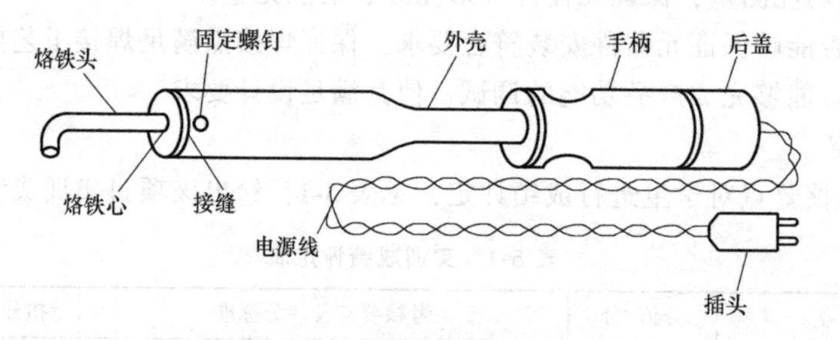

图5-14　外热式电烙铁的外形

电阻丝绕在薄云母片绝缘的圆筒上，组成烙铁心，烙铁头安装在烙铁心里面，电阻丝通电后产生的热量传送到烙铁头上，使烙铁头温度升高，故称为外热式电烙铁。烙铁头插入烙铁心的深度直接影响烙铁头的表面温度，一般焊接体积较大的物体时，烙铁头插得深些，焊接小而薄的物体时可浅些。烙铁的规格是用功率表示的，常用的有25W、75W和100W等几种。功率越大，烙铁的热量越大，烙铁头的温度越高。在焊接印制电路板组件时，通常使用功率为 25W 的电烙铁。

（2）内热式电烙铁

内热式电烙铁的外形如图 5-15 所示。由于发热芯子装在烙铁头里面，故称为内热式电烙铁。芯子是采用极细的镍铬电阻丝绕在瓷管上制成的，在外面套上耐高温绝缘管。烙铁头的一端是空心的，它套在芯子外面，用弹簧来紧固。

由于芯子装在烙铁头内部，热量能完全传到烙铁头上，发热快，热量利用率高达 85%～90%，烙铁头部温度达 350℃左右。20W 内热式电烙铁的实用功率相当于 25～40W 的外热式电烙铁。内热式电烙铁具有体积小、重量轻、发热快和耗电低等优点，因而得到广泛应用。内热式电烙铁的使用注意事项与外热式电烙铁基本相同。由于其连接杆的管壁厚度只有 0.2mm，而且发热元件是用瓷管制成的，所以更应注意不要敲击，不要用钳子夹连接杆。

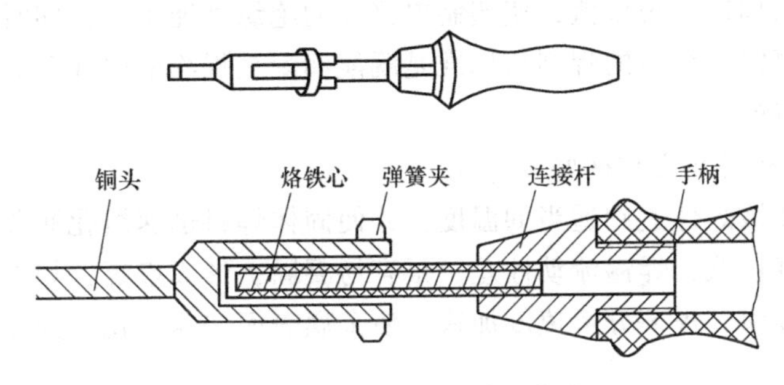

图 5-15　内热式电烙铁的外形

（3）恒温式电烙铁

恒温式电烙铁的种类较多，烙铁心一般采用 PTC 元件或电子控制电热元件，图 5-16 所示为其中一种恒温式电烙铁。此类型的烙铁头不仅能恒温，而且可以防静电、防感应电，能直接焊 CMOS 器件。

高档的恒温电烙铁，其附加的控制装置上带有烙铁头温度的数字显示（简称数显装置），显示温度最高可达 400℃。烙铁头带有温度传感器，在控制器上可由人工改变焊接时的温度。若改变恒温点，烙铁头很快就可达到新的设置温度。

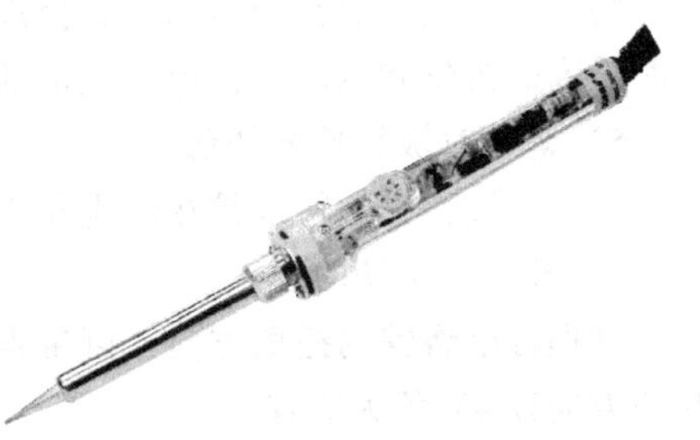

图 5-16　恒温式电烙铁的外形

（4）电烙铁的使用注意事项

1）装配时必须用三线电源插头。一般电烙铁有 3 个接线柱，其中一个较粗的接线柱与烙铁壳相通，是接地端；另两个与烙铁心相通，接 220V 交流电压。电烙铁的外壳与烙铁心是不接通的，如果接错就会造成烙铁外壳带电，人触及烙铁外壳就会触电；若用于焊接，还会损坏电路上的元器件。因此，在使用前或更换烙铁心时，必须检查电源线与地线的接头，防止接错。

2）使用过程中不能任意敲击，应轻拿轻放，以免损坏电烙铁内部发热器件而影响其使用寿命。

3）使用时，应始终保持烙铁头头部挂锡。

4）焊接过程时间一般以 2～3s 为宜。焊接集成电路时，要严格控制焊料和助焊剂的用量。为了避免因电烙铁绝缘不良或内部发热器对外壳感应电压而损坏集成电路，实际应用中常采用拔下电烙铁的电源插头趁热焊接的方法。

5.5.2 焊接方法

（1）焊接要领

1）焊前准备

焊前要将元器件引线刮净，最好是先挂锡再焊。对被焊件表面的氧化物、锈斑、油污、灰尘和杂质等要清理干净。

2）焊剂要适量

使用焊剂的量要根据被焊面积的大小和表面状态适量施用。用量过少会影响焊接质量，过多会造成焊后焊点周围出现残渣，使印制电路板的绝缘性能下降，同时还可能造成对元器件和印制电路板的腐蚀。合适的焊剂量标准是既能润湿被焊物的引线和焊盘，又不让焊剂流到引线插孔中和焊点的周围。

3）焊接的温度和时间要掌握好

在焊接时，为使被焊件达到适当的温度，并使固体焊料迅速熔化润湿，就要有足够的热量和温度。如果温度过低，焊锡流动性差，很容易凝固，形成虚焊；如果温度过高，将使焊锡流淌，焊点不易存锡，焊剂分解速度加快，使金属表面加速氧化，并导致印制电路板上的焊盘脱落。

4）焊料的施加方法

焊料的施加方法可根据焊点的大小及被焊件的多少而定，如果焊点较小，最好使用焊锡丝，应先将烙铁头放在焊盘与元器件引脚的交界面上，同时对二者加热。当达到一定温度时，将焊锡丝点到焊盘与引脚上，使焊锡熔化并润湿焊盘与引脚。当刚好润湿整个焊点时，及时撤离焊锡丝和电烙铁，焊出光洁的焊点。

5）焊接时被焊件要扶稳

在焊接过程中，特别是在焊锡凝固过程中不能晃动被焊元器件引线，否则将造成虚焊。

6）撤离电烙铁的方法

掌握好电烙铁的撤离方向，可带走多余的焊料，从而能控制焊点的形成。通常电烙铁移开的方向以 45°角为适宜。

7）焊点的重焊

当焊点一次焊接不成功或上锡量不够时，要重新焊接。重新焊接时，必须等上次的焊锡一同熔化并熔为一体时，才能把电烙铁移开。

8）焊接后的处理

在焊接结束后，应将焊点周围的焊剂清洗干净，并检查电路有无漏焊、错焊、虚焊等现象。用镊子将每个元器件拉一拉，看有无松动现象。

（2）焊接步骤

对于一个初学者来说，一开始就掌握正确的手工焊接方法并养成良好的操作习惯是非常重要的，而五步操作法则是一种既简单又正确的焊接方法。手工焊接的五步操作法如图 5-17 所示。

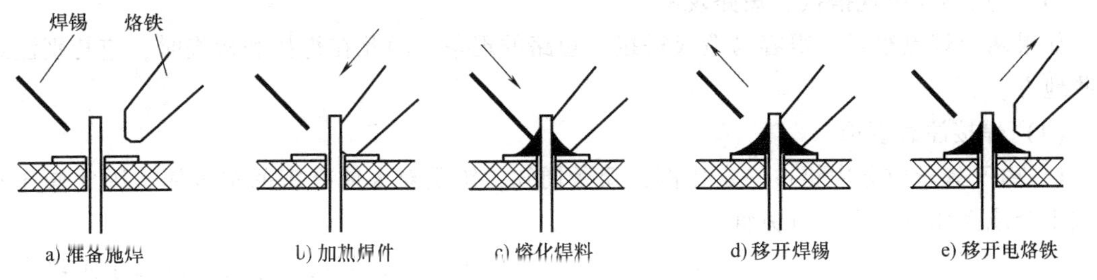

图 5-17　手工焊接五步操作法

1）准备施焊

将焊接所需材料、工具准备好，如焊锡丝、松香焊剂、电烙铁及其支架等。焊前对烙铁头要进行检查，查看其是否能正常"吃锡"。如果吃锡不好，就要将其锉干净，再通电加热并用松香和焊锡将其镀锡，即预上锡，如图 5-17a 所示。

2）加热焊件

加热焊件就是将预上锡的电烙铁放在被焊点上，如图 5-17b 所示，使被焊件的温度上升。烙铁头放在焊点上时应注意，其位置应能同时加热被焊件与铜箔，并要尽可能加大与被焊件的接触面，以缩短加热时间，保护铜箔不被烫坏。

3）熔化焊料

待被焊件加热到一定温度后，将焊锡丝放到被焊件和铜箔的交界面上（注意不要放到烙铁头上），使焊锡丝熔化并浸湿焊点，如图 5-17c 所示。

4）移开焊锡

当焊点上的焊锡已将焊点浸湿时，要及时撤离焊锡丝，以保证焊锡不至过多，焊点不出现堆锡现象，从而获得较好的焊点，如图 5-17d 所示。

5）移开电烙铁

移开焊锡后，待焊锡全部润湿焊点，并且松香焊剂还未完全挥发时，就要及时、迅速地移开电烙铁，电烙铁移开的方向以 45°角最为适宜，如图 5-17e 所示。如果移开的时机、方向、速度掌握不好，则会影响焊点的质量和外观。

完成这五步后，焊料尚未完全凝固以前，不能移动被焊件的位置，因为焊料未凝固时，如果相对位置被改变，就会产生虚焊现象。

（3）焊接要求

1）焊点要保证良好的导电性能

虚焊是指焊料与被焊件表面没有形成合金结构，只是简单地依附在被焊金属的表面上。虚焊用仪表测量很难发现，但却会使产品质量大打折扣，以致出现产品质量问题，因此在焊接时应杜绝产生虚焊。

2）焊点要有足够的机械强度

焊点要有足够的机械强度，以保证被焊件在受到振动或冲击时不至于脱落、松动。因此一般采用把被焊件的引线端子打弯后再焊接的方法。

3）焊点表面要光滑、清洁

为使焊点表面光滑、清洁、整齐，不但要有熟练的焊接技能，而且还要选择合适的焊料和焊剂。焊点不光洁表现为焊点出现粗糙、拉尖、棱角等现象。

4）焊点不能出现搭接、短路现象

如果两个焊点很近，很容易造成搭接、短路的现象，因此在焊接和检查时，应特别注意这些地方。

（4）焊接注意事项

1）由于焊丝成分中铅占一定比例，众所周知，铅是对人体有害的重金属，因此操作时应戴手套或操作后洗手，避免食入。

2）焊剂加热时挥发出来的化学物质对人体是有害的，如果在操作时人的鼻子距离烙铁头太近，则很容易将有害气体吸入。一般鼻子距烙铁的距离不小于30cm，通常以40cm为宜。

3）使用电烙铁要配置烙铁架，一般放置在工作台右前方，电烙铁用后一定要稳妥地放于烙铁架上，并注意导线等物不要碰烙铁头。

4）一般应选内热式20~35W或恒温式电烙铁，电烙铁的温度以不超过300℃为宜。烙铁头形状应根据印制电路板焊盘大小采用凿形或锥形。

5）加热时应尽量使烙铁头同时接触印制电路板上的铜箔和元器件引线。对较大的焊盘（直径大于5mm），焊接时可移动烙铁，即电烙铁绕焊盘转动，以免长时间停留于一点，导致局部过热。

6）两层以上印制电路板的孔都要进行金属化处理。焊接时不仅要让焊料润湿焊盘，而且孔内也要润湿填充，因此，金属化孔的加热时间长于单层面板。

7）焊接时不要用烙铁头摩擦焊盘的方法增强焊料润湿性能，而要靠表面清理和预焊。

5.5.3 PCB相关知识

1. 印制电路板（Printed Circuit Board，PCB）

PCB是印制电路板的简称。印制电路板是组装电子零件用的基板，是在通用基材上按预定设计形成点间连接及印制元件的印制板。该产品的主要功能是使各种电子零组件形成预定电路的连接，起中继传输的作用，是电子产品的关键电子互连件，有“电子产品之母”之称。PCB作为电子零件装载的基板和关键互连件，任何电子设备或产品均需配备。

2. PCB的发展简史与发展方向

我国从20世纪50年代中期开始单面印制板的研制，首先应用于半导体收音机中。20世纪60年代自力更生开发我国的覆箔板基材，使铜箔蚀刻法成为我国PCB生产的主导工艺，20世纪60年代已能大批量地生产单面板，小批量生产双面金属化孔印制板，并在少数几个单位开始研制多层板。20世纪70年代在国内推广图形电镀蚀刻法工艺，但由于受到各种干扰，印制电路专用材料和专用设备没有及时跟上，整个生产技术水平落后于国外先进水平。到了20世纪80年代由于改革开放政策的指引，不仅引进了大量具有国外20世纪80年代先进水平的单面、双面、多层印制板生产线，而且经过十多年消化和吸收，较快地提高了我国印制电路的生产技术水平。进入20世纪90年代，我国香港和台湾地区以及日本等外国印制板生产厂商纷纷来我国合资和独资设厂，使我国印制板产量和技术突飞猛进。2002年，成为第三大PCB产出国。2003年，PCB产值和进出口额均超过60亿美元，首度超越美国，成为世界第二大PCB产出国，产值的比例也由2000年的8.54%提升到15.30%，提升了近1

倍。2006年中国已经取代日本，成为全球产值最大的PCB生产基地和技术发展最活跃的国家。近年来，我国PCB产业保持着20%左右的高速增长，远远高于全球PCB行业的增长速度。当前，中国已成为全球最大PCB生产国，也是目前全球能够提供PCB最大产能及最完整产品类型的地区之一。

近几年中国电子工业已经成为拉动国内经济增长的主要支柱之一，随着计算机、通信设备、消费电子、工业控制、医疗设备和汽车工业的迅速发展，PCB产业也获得了快速发展。而伴随着印制电路产品发展，就要求有新的材料、新的工艺技术和新的设备。我国印制电器材料工业在扩大产量的同时，更注重于提高性能和质量。印制电路专用设备工业不再是低水平的仿造，而是向生产自动化、精密度、多功能、现代化设备发展。PCB生产集世界高新科技于一体，印制电路生产技术会采用液态感光成像、直接电镀、脉冲电镀、积层多层板等新工艺。在新阶段下，PCB不断往高系统集成化、高性能化发展。

3. PCB的特点和分类

PCB的特点有高密度化、高可靠性、可设计性、可生产性、可组装性和可维护性6个方面。一般而言，电子产品功能越复杂、回路距离越长、接点脚数越多，PCB所需层数亦越多，如高阶消费性电子、信息及通信产品等；而软板主要应用于需要弯绕的产品中：如笔记型计算机、照相机、汽车仪表等。PCB分类按照层数来分，可分为单面板（SSB）、双面板（DSB）和多层板（MLB）；按柔软度来分，可分为刚性印制电路板（RPC）和柔性印制电路板（FPC）。在产业研究中，一般按照上述PCB产品的基本分类，将PCB产业细分为单面板、双面板、常规多层板、柔性板、HDI（高密度烧结）板和封装基板6个主要细分产业。

4. PCB的制造工艺

1）单面刚性印制板工艺流程：单面覆铜板→下料→(刷洗、干燥)→钻孔或冲孔→网印线路抗蚀刻图形或使用干膜→固化检查修板→蚀刻铜→去抗蚀印料、干燥→刷洗、干燥→网印阻焊图形（常用绿油）、UV固化→网印字符标记图形、UV固化→预热、冲孔及外形→电气开、短路测试→刷洗、干燥→预涂助焊防氧化剂（干燥）或喷锡热风整平→检验包装→成品出厂。

2）贯通孔金属化法制造多层板工艺流程：内层覆铜板双面开料→刷洗→钻定位孔→贴光致抗蚀干膜或涂覆光致抗蚀剂→曝光→显影→蚀刻与去膜→内层粗化、去氧化→内层检查→(外层单面覆铜板线路制作、B—阶粘结片、板材粘结片检查、钻定位孔)→层压→数控制钻孔→孔检查→孔前处理与化学镀铜→全板镀薄铜→镀层检查→贴光致耐电镀干膜或涂覆光致耐电镀剂→面层底板曝光→显影、修板→线路图形电镀→电镀锡铅合金或镍/金镀→去膜与蚀刻→检查→网印阻焊图形或光致阻焊图形→印制字符图形→(热风整平或有机保焊膜)→数控洗外形→清洗、干燥→电气通断检测→成品检查→包装出厂。

5.5.4　元器件质量检测方法

1. 固定电阻器的检测

1）将两表笔（不分正负）分别与电阻的两端引脚相接即可测出实际电阻值。为了提高测量准确度，应根据被测电阻标称值的大小来选择量程。

2）由于欧姆档刻度的非线性关系，它的中间一段分度较为精细，因此应使指针指示值尽可能落到刻度的中段位置，即全刻度起始的20%~80%弧度范围内，以使测量更准确。

3）根据电阻误差等级不同。读数与标称阻值之间分别允许有±5%、±10%或±20%的误差。如不相符，超出误差范围，则说明该电阻值变值了。

注意：测试时，特别是在测几十千欧以上阻值的电阻时，手不要触及表笔和电阻的导电部分；被检测的电阻从电路中焊下来，至少要焊开一个头，以免电路中的其他元件对测试产生影响，造成测量误差；色环电阻的阻值虽然能以色环标志来确定，但在使用时最好还是用万用表测试一下其实际阻值。

2. 发光二极管的检测

发光二极管具有单向导电性，使用R×10k档可测出其正、反向电阻。一般正向电阻应小于30kΩ，反向电阻应大于1MΩ。若正、反向电阻均为零，则说明内部击穿短路。若正、反向电阻均为无穷大，则证明内部开路。对于同种材料的管芯，由于所掺杂质的不同，发光颜色亦不同；发光二极管属于电流控制型器件，U_F 随 I_F 而变化，所标 U_F 值仅供参考。此外，根据外形也可以区分发光二极管的正、负极。早期生产的管子带金属管座，上面罩一光学透镜，管侧有一突起，靠近突起的是正极。目前生产的LED，全部用透明或半透明的环氧树脂封装而成，并且利用环氧树脂构成透镜，起放大和聚焦作用，这类管子引线较长的为正极。

3. 芯片74LSXX系列的性能检测

先检查各个芯片的引脚是不是完好，然后根据各个元器件的性能参数决定其芯片的使用方法及实现的逻辑功能，对其逻辑功能进行检测。

4. 晶体管的检测

测量极间电阻：将万用表置于R×100或R×1k档，按照红、黑表笔的6种不同接法进行测试。其中，发射结和集电结的正向电阻值比较低，其他4种接法测得的电阻值都很高，约为几百千欧至无穷大。但不管是低阻还是高阻，硅材料晶体管的极间电阻要比锗材料晶体管的极间电阻大得多。测量放大能力（β）：目前有些型号的万用表具有测量晶体管 h_{FE} 的刻度线及其测试插座，可以很方便地测量晶体管的放大倍数。先将万用表功能开关拨至欧姆档，量程开关拨到ADJ位置，把红、黑表笔短接，调整调零旋钮，使万用表指针指示为零，然后将量程开关拨到 h_{FE} 位置，并使两短接的表笔分开，把被测晶体管插入测试插座，即可从 h_{FE} 刻度线上读出管子的放大倍数。

5.5.5 元器件使用、焊接注意事项

1. 发光二极管（LED）使用、焊接的注意事项

1）管子极性不得接反，一般讲引线较长的为正极，引线较短的是负极。

2）使用中各项参数不得超过规定极限值。正向电流 I_F 不允许超过极限工作电流 I_{FM} 值，并且随着环境温度的升高，必须作降额使用。长期使用温度不宜超过75℃。

3）焊接时间应尽量短，焊点不能在管脚根部。焊接时应使用镊子夹住管脚根部散热，宜用中性助焊剂（松香）或选用松香焊锡丝。

4）严禁用有机溶液浸泡或清洗。

5）发光二极管的驱动电路必须加限流电阻，一般可取一百欧至几百欧，视电源电压而定。

6）在发光亮度基本不变的情况下，采用脉冲电压驱动可以节省耗电。对于 LED 点阵显示器，采用扫描显示方式能大大降低整机功耗。

7）焊接在每个部件的温度、时间、次数范围内进行作业。到高温持续长时间会产生变色、特性的变化、断线等危险现象。焊接后到冷却为止，产品不要受外力。

8）制品的外涂层对原件有保护作用，如用镊子、钳子夹持，或安装中调整不良件时，不要对电阻有过大冲击，以免损伤，而使特性变化、产生断线等危险现象。不要使用印制基版卸下的产品。尽量免受来自其他高温部件的热辐射。

9）组装时，对部件要防止静电。

2. 74LS××芯片使用、焊接的注意事项

要看准芯片的缺口端，让缺口端对准底座的缺口端。在焊接时要细心以避免芯片各个引脚焊接到一起而造成引脚间短路而烧坏芯片。

3. 电容安装注意事项

不能反极使用。若加了反向电压，即使外观无异常，电容器也不能使用。不能在封口部安装支架或施加外力，否则会引起封口不良，可能产生漏液，套管破裂等；若电容器受落下等冲击的话，其电气性能可能会变差，会导致故障，不能使电容器受到冲击。成套组装通电后的电容器请勿再使用，除定期检查时为了测试电性能而取下的电容器外，否则不可再使用。

4. 晶体管使用注意事项

加到管上的电压极性应正确。PNP 管的发射极对其他两电极是正电位，而 NPN 管则是负电位。

不论是静态、动态或不稳定态（如电路开启、关闭时），均须防止电流、电压超出最大极限值，也不得有两项或两项以上参数同时达到极限值。

选用晶体管主要应注意极性和下述参数：P_{CM}、I_{CM}、B_{UCEO}、B_{UEBO}、I_{CBO}、β、f_T 和 f_β。因有 $B_{UCBO}>B_{UCES}>B_{UCER}>B_{UCEO}$，因此，只要 B_{UCEO} 满足要求即可。一般高频工作时要求 $f_T=(5\sim10)f$，f 为工作频率。开关电路工作时应考虑晶体管的开关参数。

晶体管的替换。只要管子的基本参数相同，就能替换，性能高的可替换性能低的。此外，通常锗、硅管不能互换。

工作于开关状态的晶体管，因 B_{UEBO} 一般较低，所以应考虑是否要在基极回路加保护电路，以防止发射结击穿；若集电极负载为感性（如继电器的工作线圈），则必须加保护电路（如线圈两端并联续流二极管），以防线圈反电动势损坏晶体管。

管子应避免靠近热元件，减小温度变化和保证管壳散热良好。功率放大管在耗散功率较大时，应加散热板（磨光的紫铜板或铝板）。管壳与散热板应紧密贴牢。散热装置应垂直安装，以利于空气自然对流。

5.6　能力拓展

调光台灯电路的焊接与调试。

任务目标：绘制电路原理图、编制器材明细表、绘制工程布局布线图，并完成调光台灯电路的制作。

实训项目6 低压电器及三相异步电动机的拆装检修

6.1 学习要点

1）熟悉常用低压电器的种类及各自的工作原理。
2）掌握交流接触器的内部结构、组成及工作原理。
3）熟练掌握交流接触器的拆装流程及注意事项。
4）掌握交流接触器的检修方法。
5）熟悉小型异步电动机的结构和工作原理。
6）掌握小型异步电动机拆装和维护的基本方法与步骤。

6.2 项目描述

1）通过对交流接触器的拆装实训，让学生了解其基本结构，并具备对常用低压电器进行拆装的技能。

2）通过对交流接触器的检修实训，让学生初步具备对低压电器的检修技能。

3）通过对三相异步电动机的拆装实训，让学生了解其基本结构，并具备规范拆装电动机的技能。

4）通过对三相异步电动机的维护实训，让学生初步具备判断三相异步电动机异常状况，并针对异常进行维护的技能。

6.3 项目实施

6.3.1 交流接触器的拆装与检修

1. 编制器材明细表

该实训任务所需器材见表6-1。

2. 实训步骤

（1）拆卸

1）卸下灭弧罩紧固螺钉，将灭弧罩取下。

2）拉紧主触头定位弹簧夹，取下主触头及主触头压力弹簧片。拆卸主触头时必须将主触头侧转45°后再拆下。

表 6-1　交流接触器的拆装器材明细表

代号	名称	型号	规格	总数量
KM	交流接触器	LC1-K0910Q7	AC380V	
	万用表	MF-47		1
	绝缘电阻表	ZC25-4	1000V	1

3）松开辅助常开静触头的线桩螺钉，将常开静触头取下。

4）松开接触器底部的盖板螺钉，取下盖板，在松盖板螺钉时，要用手按住螺钉并慢慢放松。

5）取下静铁心缓冲绝缘纸片及静铁心。

6）取下静铁心支架及缓冲弹簧。

7）拔出线圈接线端的弹簧夹片，将线圈取下。

8）取下反作用弹簧。

9）取下衔铁和支架。

10）从支架上取下动铁心定位销。

（2）检修

1）检查灭弧罩有无破裂或烧损，清除灭弧罩内的金属飞溅物和颗粒。

2）检查触头的磨损程度，磨损严重时应更换触头。若不需更换，则清除触头表面上烧毛的颗粒。

3）清除铁心端面的油垢，检查铁心有无变形及端面接触是否平整。

4）检查触头压力弹簧及反作用弹簧是否变形或弹力不足。如果有需要则更换弹簧。

5）检查电磁线圈是否有短路、断路及发热变色现象。

（3）装配

按拆卸的逆顺序进行装配。

（4）自检

用万用表欧姆档检查线圈及各触头是否良好，用绝缘电阻表测量各触头间及主触头对地电阻是否符合要求；用手按动主触头检查运动部分是否灵活，以防产生接触不良、振动和噪声。

3. 拆装与检修注意事项

1）拆卸过程中，应备有盛放零件的容器，以免丢失零件。

2）拆装过程中不允许硬撬，以免损坏电器。装配辅助静触头时，要防止卡住动触头。

3）接触器应固定在控制板上，并有教师监护，以确保用电安全。

4）通电校验过程中，要均匀、缓慢地改变调压变压器的输出电压，以使测量结果尽量准确。

5）调整触头压力时，注意不得损坏接触器的主触头。

4. 整理器材

实训完成后，整理好所用器材、工具，按照要求放置到规定位置。

6.3.2 三相异步电动机的拆装与维护

1. 器材明细表

该实训任务所需器材见表6-2。

表6-2 三项异步电动机拆装所需器材明细表

代号	名称	型号	规格	总数量
M	异步电动机	J02	0.6kW	1
	万用表	MF-47		1
	绝缘电阻表	ZC25-4	1000V	1
	钳形电流表	UT201	400A	1

2. 三相异步电动机的拆卸步骤

(1) 三相异步电动机拆卸前应做好标记

1) 标记电源线在接线盒的接线位置，以免弄错电源相序。

2) 标记联轴器与轴台的距离。

3) 标记机座在基础上的详细位置。

4) 标记引出线入口位置等。

(2) 拆卸联轴器或传动轮

首先要在联轴器或带轮的轴伸端做好尺寸标记，再将联轴器或带轮上的定位螺钉或销子取出，装上拉具，对准电动机轴端的中心，转动丝杠，把联轴器或带轮慢慢拉出。在拆卸过程中，不能用锤子或坚硬的东西直接敲击联轴器或带轮，防止碎裂和变形，必要时应垫上木板或用纯铜棒。

(3) 拆卸风罩和风扇

拆卸风罩螺钉后，即可取下风罩，然后松开风扇的锁螺钉或定位销子，用木锤或纯铜棒在风扇四周均匀地轻轻敲击，风扇就可以松脱下来。风扇一般用铝或塑料制成，比较脆弱，因此在拆卸时切忌用锤子直接敲打。

(4) 拆卸轴承盖和端盖

把轴承外盖的螺栓卸下，拆开轴承外盖。为了便于装配时复位，应在端盖与机座接缝处做好标记，松开端盖紧固螺栓，然后用纯铜棒或用锤子垫上木板均匀敲打端盖四周，使端盖松动取下，再松开另一端的端盖螺栓，用木锤或纯铜棒轻轻敲打轴伸端，就可以把转子和后端盖一起取下，往外抽转子时要注意不能碰定子绕组。

(5) 抽出转子

木棒沿前端盖四周移动，同时用榔头击打木棒，卸下前端盖，抽出转子时，应小心谨慎、动作缓慢，不可歪斜，以免碰擦定子绕组。

(6) 拆卸轴承

拆卸轴承，目前常采用拉具拆卸、铜棒拆卸、放在圆筒上拆卸、加热拆卸、轴承盖内拆卸几种方法，下面简单介绍三种方法。

1) 拉具拆卸法

这是最方便的，而且不易损坏轴承和转轴，使用时应根据轴承的大小选择适宜的拉具，将拉具的脚爪扣在轴承内圈上，拉具丝杠的顶尖要对准转子轴的中心孔，慢慢扳转丝杠，用力要均匀，丝杠与转子应保持在同一轴线上。

2）铜棒拆卸法

用直径18mm左右的黄铜棒，一端顶住轴承内圈，用锤子敲打另一端，敲打时要在轴承内圈四周对称轮流均匀地敲打，用力不要过猛，可慢慢向外拆下轴承，应注意不要碰伤转轴。

3）轴承盖内拆卸法

拆卸电动机端盖内的轴承，可让端盖缺口面向上，平放在两块铁板或一个孔径稍大于轴承外圈的铁板上，上面用一段直径略小于轴承外圈的金属棒对准轴承，用锤子轻轻敲打金属棒，将轴承敲出。

3. 三相异步电动机的装配

1）清洗轴承和其他零件。

2）装轴承。

3）装后端盖。

4）安装转子，不得碰擦定子绕阻。

5）安装前端盖。

6）安装风罩、电源线。

7）电动机检测：传动装置、绝缘电阻以及各相绕组通断接触情况。

4. 三相异步电动机的拆装注意事项

1）安装前必须清洁定、转子铁心及绕组，检查气隙、风道及其他空隙有无杂物。

2）认真清洗轴承，检查是否松动，注意滚珠轴承润滑油应加至与滚珠相平为限，润滑油过多，在运转过程中反而造成温升过高。

3）任何紧固螺钉的拆装都必须均匀交替进行，所有螺钉必须全部装完。

4）任何敲打，榔头都不得直接打在机件上，中间必须垫上铜板或厚木板。

5）必须严格保持工作地点、零部件、工具和手的清洁，不得将污物、泥沙带进电动机内。

5. 整理器材

实训完成后，整理好所用器材、工具，按照要求放置到规定位置。

6.4　考核要点

1. 低压电器的拆装

是否按规范完成交流接触器的拆装。

2. 低压电器的检修

是否按规范完成交流接触器的检修。

3. 三相异步电动机维护前的观察与结论

在进行维护前，必须认真观察电动机的运转状况，根据出现的现象来判断状况的原因，从而得出故障的结论。

4. **三相异步电动机的拆装**

主要考查三相异步电动机拆装过程中的步骤是否按要求执行。

5. **成绩评定**

根据以上考核要点对学生进行成绩评定，见表 6-3，给出该项目实训成绩。

表 6-3 实训成绩评定表

实训项目内容	分值/分	考核要点及评分标准	扣分/分	得分/分
低压电器判别质量	25	不能判断分合信号同电路状态匹配，扣 5 分		
		不能综合判断交流接触器的质量好坏，扣 15 分		
低压电器拆装与检修	20	拆卸步骤不符合要求，每步扣 5 分		
		检修中，有疏忽地方，每处扣 5 分		
维护前的观察与结论	25	不能判断电动机出现状况的原因，扣 10 分		
		不能依据状况类型得出故障结论，扣 10 分		
三相异步电动机拆装	20	拆卸步骤不符合要求，每步扣 5 分		
		装配中步骤不符合要求，每处扣 5 分		
安全、规范操作	5	每违规一次扣 2 分		
整理器材、工具	5	未将器材、工具等放到规定位置扣 5 分		
学 时	4 学时	综合成绩		

6.5 相关知识点

6.5.1 低压电器

低压电器是指额定电压等级在交流 1200V、直流 1500V 以下的电器。在我国工业控制电路中最常用的三相交流电压等级为 380V，只有在特定行业环境下才用其他电压等级，如煤矿井下的电钻用 127V、运输机用 660V、采煤机用 1140V 等。低压电器种类繁多，功能各样，构造各异，用途广泛，工作原理各不相同。

1. **开关电器**

开关是利用触头的闭合和断开在电路中起通断、控制作用的电器。常用的低压电器开关如图 6-1 所示。

图 6-1 常用的低压电器开关

（1）刀开关

刀开关是一种隔离开关，主要用于供配电线路的电源隔离作用。刀开关没有灭弧装置，不能操作带大负荷的线路，只能操作空载线路或电流很小的线路。操作时应注意，停电时应将线路的负荷电流用断路器、负荷开关等开关电器切断后再将隔离开关断开，送电时操作顺序相反。隔离开关断开时有明显的断开点，有利于检修人员的停电检修工作。隔离开关由于控制负荷能力很小，也没有保护线路的功能，所以通常不能单独使用，一般要和能切断负荷电流和故障电流的电器（如熔断器、断路器和负荷开关等电器）一起使用。

刀开关一般由刀片（动触头）、刀座（静触头）、绝缘底座、手柄及绝缘外壳等构成。刀开关安装时要求在合闸状态下手柄应该向上，不能倒装和平装，以防止闸刀松动时误合闸。接线时电源进线应接在刀座上（上端），而负载则接在刀片下端。一般刀开关分为单投刀开关和双投刀开关。

1）单投刀开关

单投刀开关按极数分为 1 极、2 极、3 极几种，其结构及电路符号如图 6-2 所示。

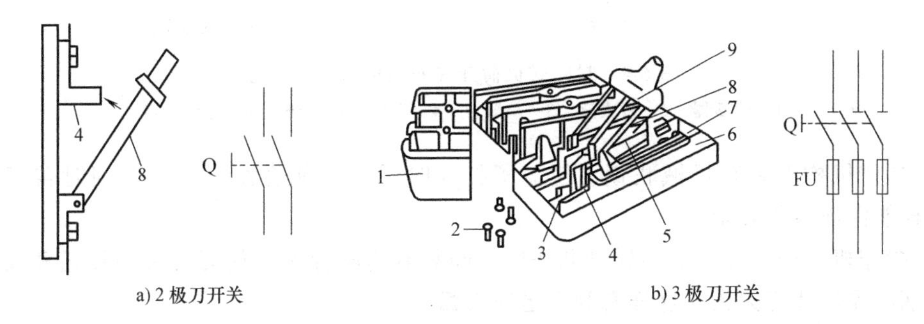

a) 2 极刀开关　　b) 3 极刀开关

图 6-2　单投刀开关的结构和电路符号

1—胶盖　2—螺钉　3—进线座　4—静触头　5—熔丝　6—瓷座　7—出线座　8—动触头　9—瓷手柄

2）双投刀开关

双投刀开关也称转换开关，其作用和单投刀开关类似，常用于双电源的切换或双供电线路的切换等，其示意图及电路符号如图 6-3 所示。

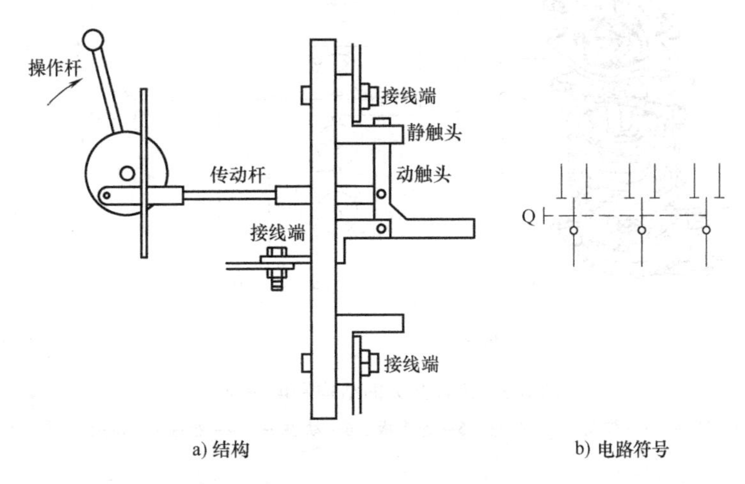

a) 结构　　b) 电路符号

图 6-3　双投刀开关示意图及电路符号

(2) 封闭式负荷开关

封闭式负荷开关由刀开关、熔断器、灭弧装置、操作机构和金属外壳等构成，其结构及电路符号如图 6-4 所示。

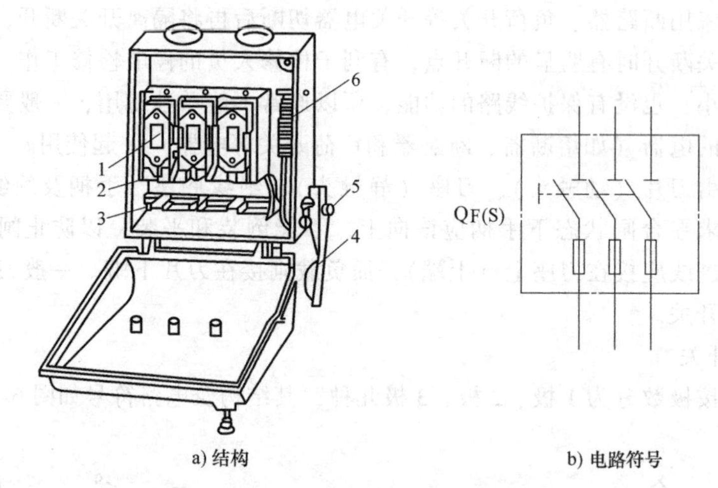

a) 结构　　b) 电路符号

图 6-4　封闭式负荷开关的结构与电路符号

1—熔断器　2—静夹座　3—动触刀　4—手柄　5—转轴　6—速断弹簧

1）操作机构中装有机械联锁，使盖子打开时手柄不能合闸；手柄合闸时盖子不能打开，这样能保证操作安全。

2）操作机构中，在手柄、转轴和底座之间装有速断弹簧，使刀开关的接通和断开的速度与手柄的操作速度无关，这样有利于迅速灭弧。

3）使用时，外壳应可靠接地，防止意外漏电造成触电事故。

(3) 组合开关

组合开关又叫转换开关，其结构和电路符号如图 6-5 所示。

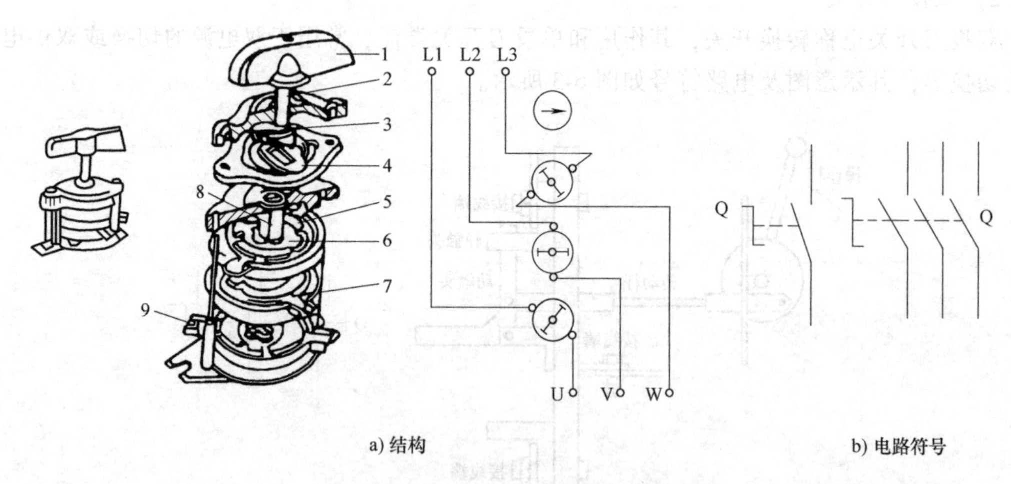

a) 结构　　b) 电路符号

图 6-5　组合开关的结构和电路符号

1—手柄　2—转轴　3—弹簧　4—凸轮　5—绝缘板　6—动触头　7—静触头　8—绝缘杆　9—接线端

它有 3 对静触片，每个触片的一端固定在绝缘底板上，另一端伸出盒外，连在接线柱上。3 个动触片套在装有手柄的绝缘轴上，转动手柄就可以使 3 个动触片同时接通或断开。

（4）低压断路器

低压断路器旧称自动开关，主要由触头系统、操作系统、各种脱扣器和灭弧装置等组成，其结构和电路符号如图 6-6 所示。

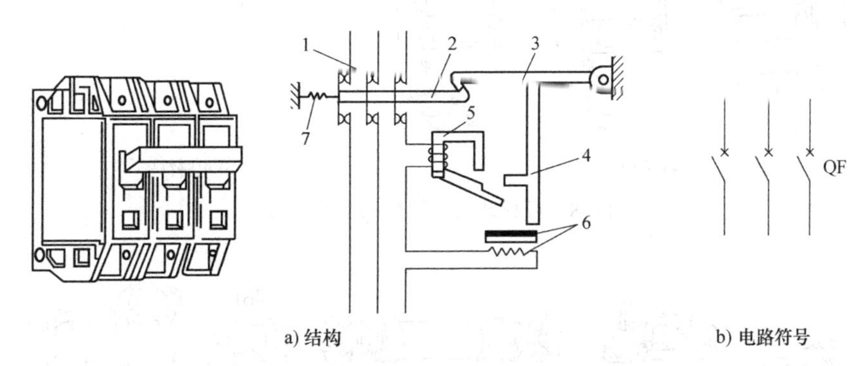

a) 结构　　b) 电路符号

图 6-6　低压断路器的结构和电路符号

1—主触头　2、3—自由脱扣器　4—保护杆　5—过流脱扣器　6—热脱扣器　7—弹簧

低压断路器不仅可以接通和分断正常负载电流、电动机工作电流和过载电流，而且还可以接通和分断短路电流，具有过载、过电流、短路、断相及漏电等保护作用。

（5）按钮

按钮的结构和电路符号如图 6-7 所示，主要由按钮帽、复位弹簧、桥式动触头、静触头和外壳等组成。

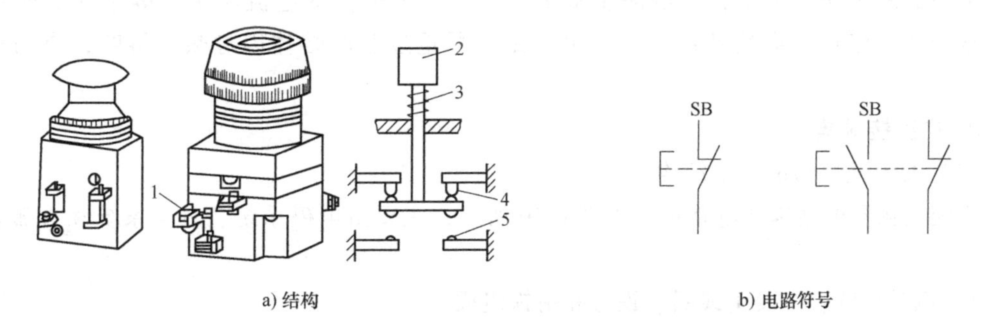

a) 结构　　b) 电路符号

图 6-7　按钮的结构和电路符号

1—外壳　2—按钮帽　3—复位弹簧　4—动触头　5—静触头

（6）行程开关

行程开关也称位置开关或限位开关，它是利用生产机械某些运动部件的碰撞使触头动作，从而发出控制指令的主令电器。其结构和电路符号如图 6-8 所示，主要由操作机构、触点系统和外壳构成。

2. 熔断器

熔断器旧称保险器，是一种简单而有效的保护电器，它串联在电路中主要起短路保护作用。

熔断器的主要元件是熔体，一般用电阻率较高的易熔合金制成，熔体大多被装在各种样式的外壳里面，组成所谓的熔断器，其结构及电路符号如图 6-9 所示。常见类型有管式、插

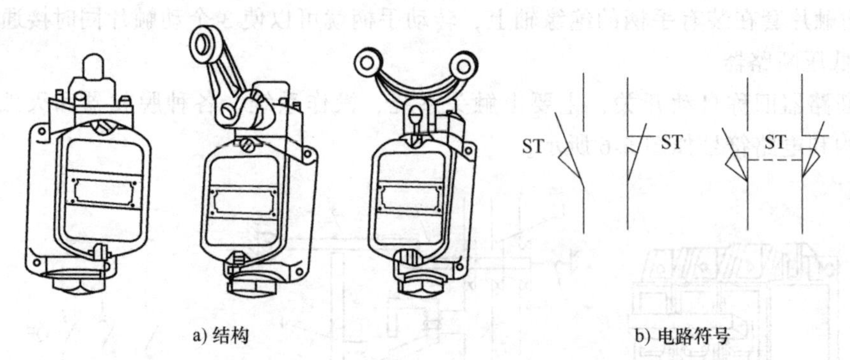

a) 结构　　b) 电路符号

图 6-8　行程开关的结构和电路符号

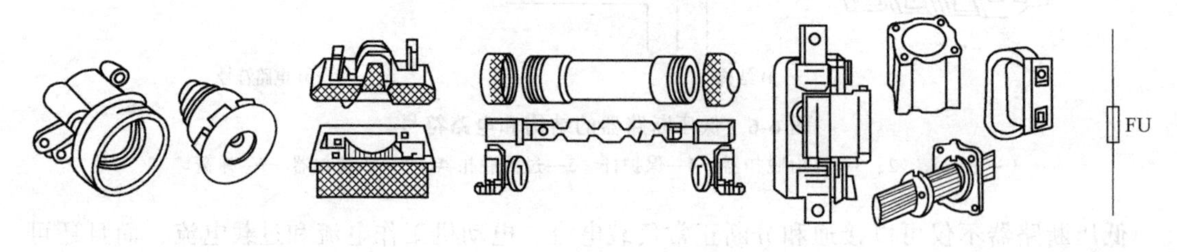

a) 结构　　b) 电路符号

图 6-9　熔断器的结构和电路符号

入式及螺旋式等几种。

熔断器的工作原理是，当电路正常工作时，流过熔体的电流小于或等于它的额定电流，熔断器的熔体不会熔断；一旦发生短路或严重过载时熔体因过热而熔断，自动切断电路。

3. 交流接触器

(1) 交流接触器的主要结构

交流接触器的结构和电路符号如图 6-10 所示，主要由电磁系统、触头系统和灭弧装置组成。

1) 电磁系统：主要由线圈、铁心和衔铁组成。

2) 触头系统：触头是有触头电器的执行部件，用来接通和断开电路。

3) 灭弧装置：当触头分断大电流电路时，会在动、静触头间产生强烈的电弧，必须采用灭弧装置来迅速熄灭电弧。

(2) 交流接触器的工作原理

当接触器的线圈通电后，线圈中流过的电流产生磁场，使铁心产生足够大的吸力，克服反作用弹簧的反作用力，将衔铁吸合，通过传动机构带动常开主触头和辅助常开触头闭合，辅助常闭触头断开。当接触器线圈断电或电压显著下降时，由于电磁吸力消失或过小，衔铁在反作用弹簧的作用下复位，带动各触头恢复到原始状态。

4. 继电器

继电器是一种传递信号的电器，通过信号的变化接通和断开电路，以完成控制和保护任务。继电器的输入信号可以是电压、电流等电量，也可以是热、速度、压力等非电量。常用

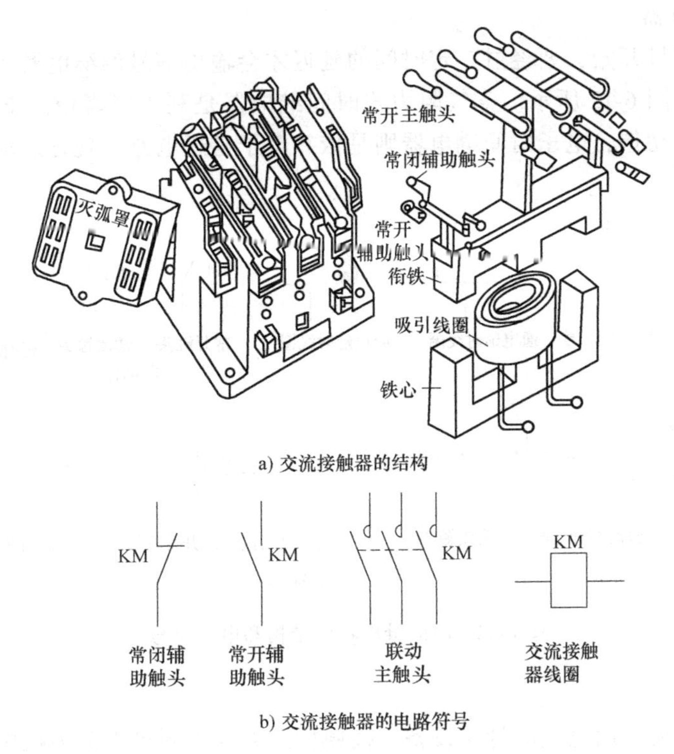

a) 交流接触器的结构

b) 交流接触器的电路符号

图 6-10　交流接触器的结构和电路符号

的继电器有热继电器和时间继电器。

（1）热继电器

热继电器主要用于电动机电路中的过载保护。其结构和电路符号如图 6-11 所示，主要由热驱动元件（双金属片）、触头、传动机构、复位按钮及电流调整装置构成。

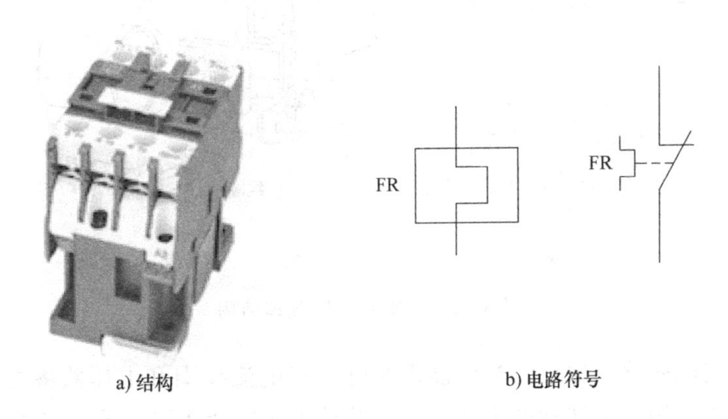

a) 结构　　b) 电路符号

图 6-11　热继电器的结构和电路符号

当电动机过载时，流过电阻丝的电流超过热继电器的整定电流，电阻丝发热，主双金属片向右弯曲，推动导板向右移动，通过温度补偿双金属片推动推杆绕轴转动，从而推动触头系统动作，动触头与常闭静触头分开，使接触器线圈断电，接触器触头断开，将电源切除起保护作用。

(2) 时间继电器

从得到输入信号开始，要经过一定时间的延迟才会输出信号的继电器叫时间继电器，其结构和电路符号如图 6-12 所示。空气阻力式时间继电器是利用气囊中的空气通过小孔节流的原理来获得延迟动作，电子时间继电器则是依靠电子延迟电路实现延迟动作。

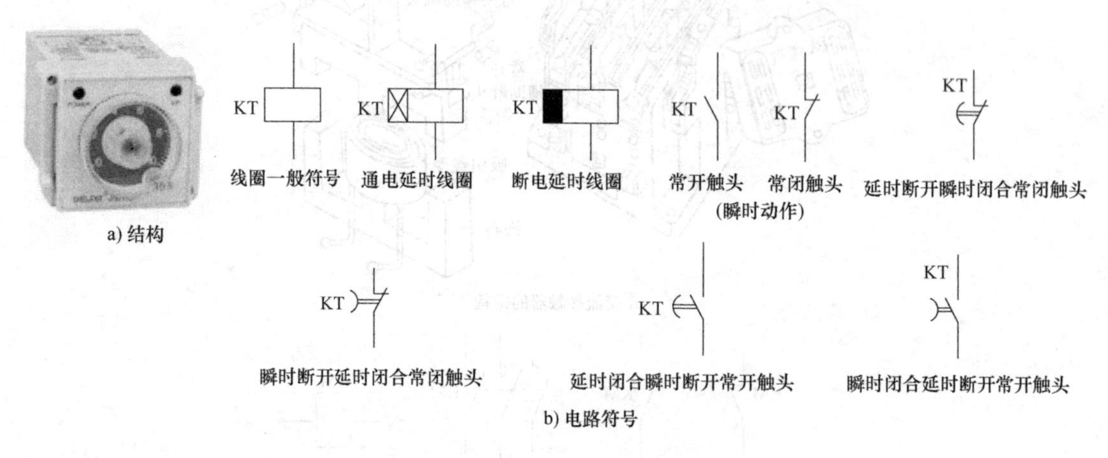

a) 结构 b) 电路符号

图 6-12 时间继电器的结构和电路符号

5. 电能表

电能表是计量用户用电量的计量设备，按照检测方式不同可以分为机械式电能表与电子电能表两类。

传统的电能表主要就是机械式的电能表，主要由电压线圈、电流线圈、铝盘、永久磁铁及计度器等器件构成，如图 6-13 所示。

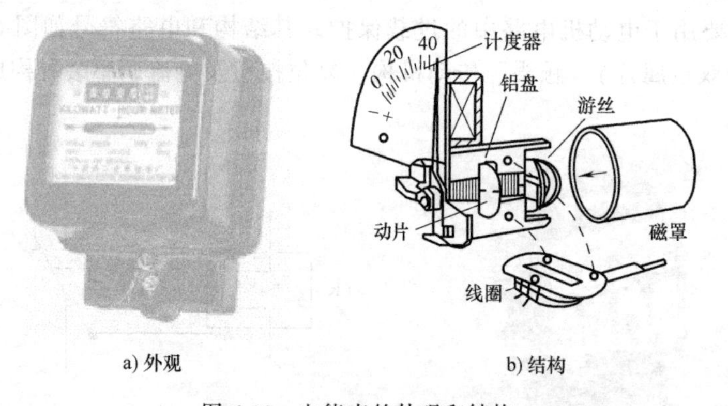

a) 外观 b) 结构

图 6-13 电能表的外观和结构

电能表是利用电磁感应原理，当电能表通电后在电流线圈和电压线圈之间产生电磁场，铝盘受到电磁场的作用产生转动的力矩，形成转动进而使计数器计数。当通过电能表的电流电压增强，电磁场也就增强，铝盘转速也就增强，计数也就加快。

电子式电能表是近年来开始进行使用的新型电能表，这种电能表是用分压电阻或电压互感器将电压信号变成可以进行电子测量的小信号，用分流器或电流互感器将电流信号转变成可测量的小信号，利用专用电能测量芯片将转换后的电流和电压信号进行处理，并通过数显装置进行显示。

6.5.2　三相异步电动机的结构和工作原理

1. 三相异步电动机的结构

三相异步电动机主要由定子和转子两大部分组成，定子和转子之间留有空隙的部分称为气隙，一般为 0.25~2mm。三相笼型异步电动机的结构如图 6-14 所示。

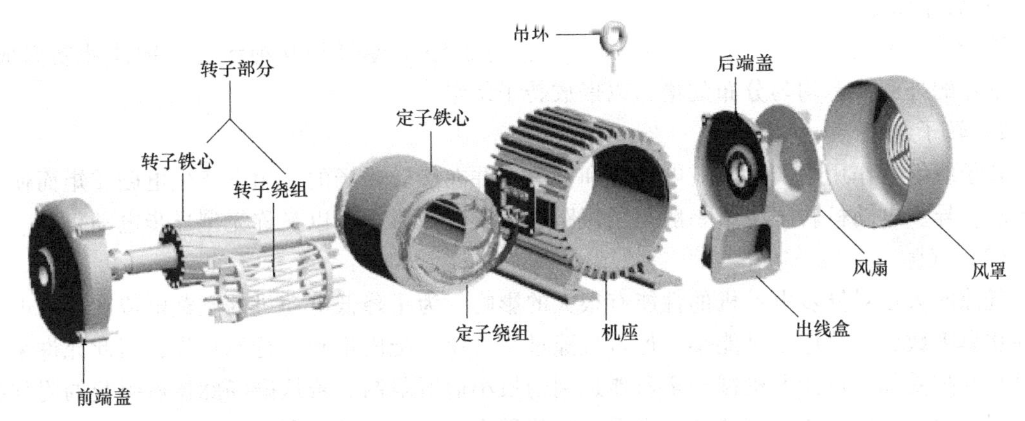

图 6-14　三相笼型异步电动机的结构

（1）定子

电动机的静止部分称为定子，主要有定子铁心、定子绕组和机座等部件，其结构如图 6-15 所示。

1）定子铁心

定子铁心是电动机磁路的一部分并放置定子绕组。为了减小定子铁心中的损耗，铁心一般使用厚 0.35 ~ 0.5mm、表面有绝缘层的硅钢片冲片叠装而成。在铁心片的内圆冲有均匀分布的槽，以嵌放定子绕组。

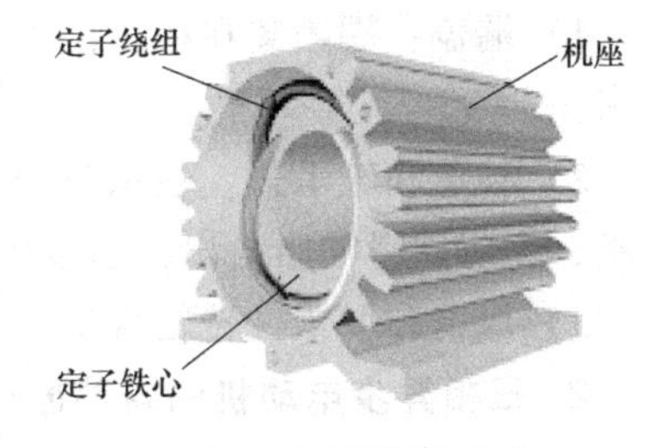

图 6-15　三相异步电动机的定子结构图

2）定子绕组

定子绕组的作用是通入三相对称交流电，产生旋转磁场。小型异步电动机定子绕组通常用高强度漆包线绕制成线圈后再嵌放在定子铁心槽内，大、中型电动机则用经过绝缘处理后的铜条嵌放在定子铁心槽内。为了保证绕组正常工作，绕组对铁心、绕组间和绕组匝间必须可靠绝缘。定子绕组在槽内嵌放完毕后，按规律接好线，把三相绕组的 6 个出线端引到电动机机座的出线盒内，可按需要将三相绕组接成星形或三角形，如图 6-16 所示。

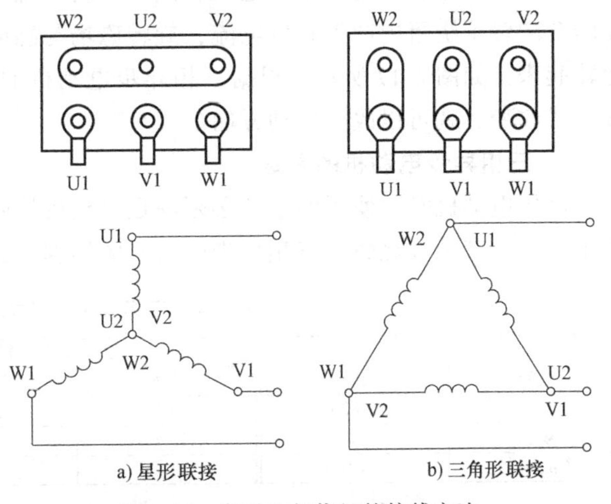

图 6-16　定子三相绕组的接线方法

3）机座

机座的作用是固定定子铁心，并

以两个端盖支撑转子，同时保护整台电动机的电磁部分和散发电动机运行中产生的热量，所以封闭式电动机的机座外面有散热壳以增加散热面积。为了电动机搬运方便，电动机机座上装有吊环。

（2）转子

转子是电动机的旋转部分，由转子铁心、转子绕组、转轴和风叶等组成。

1）转子铁心

转子铁心也是电动机磁路的一部分，一般用 0.5mm 厚且相互绝缘的硅钢片冲制而成，在硅钢片的外圆冲有均匀分布的槽，以嵌放转子绕组。

2）转子绕组

转子绕组的作用是产生感应电动势和电流，并在旋转磁场的作用下产生电磁转矩而使转子转动。异步电动机转子绕组一般是用短路环做成鼠笼形，所以又称笼型异步电动机。

（3）气隙

气隙的大小对异步电动机的性能有很大的影响。为了降低电动机的空载电流和提高电动机的功率因数，气隙应尽可能小。但若气隙过小将使装配困难和运行不可靠，因此允许采用的最小气隙受加工可能及机械安全所能达到的最小值所限制。若从磁场脉振所引起的附加损耗及因高次谐波磁场所引起的漏磁来看，气隙稍大一点也有其有利的一面。

（4）其他附件

1）端盖：端盖装在机座的两侧，起支撑转子的作用，并满足定、转子之间同心度的要求。

2）轴承和轴承盖：轴承与转轴转动，一般采用滚动轴承以减小摩擦。轴承内注有润滑油脂，为防润滑油脂溢出，加装内、外轴承盖。

3）风扇和风罩：转轴带动风扇叶一起转动，冷却电动机。风罩起保护风扇叶的作用。

2. 三相异步电动机的转动原理

电动机的定子绕组可以接成星形或三角形，接线改变可以通过在出线盒中改变接线柱的连接方式实现。

当电动机定子三相绕组按要求连接好后，接入三相对称电源，三相绕组内通入三相对称电流，这时在电动机定子中产生旋转磁场。转子绕组将切割磁力线产生电磁感应电动势，并在闭合的转子绕组内产生感应电流，旋转磁场与感应电流相互作用产生电磁转矩而使电动机运转起来，如图 6-17 所示。根据三相异步电动机的转动原理，只要将出线盒中接线柱的连接方式改变，就可以改变转动方向。

3. 三相异步电动机的参数

使用电动机时，使用的条件必须满足电动机铭牌上的各项参数才能使用，否则电动机不能正常工作甚至被烧毁。三相异步电动机的铭牌参数见表 6-4。

表 6-4　三相异步电动机的铭牌参数

三相异步电动机					
型号	J02	功率	0.6kW	电压	380V
电流	1.62A	频率	50Hz	转速	1380r/min
接法	Y	工作方式	连续	绝缘等级	E
产品编号	×××××	重量	17kg	防护形式	IP44 封闭
××电机厂			×年×月		

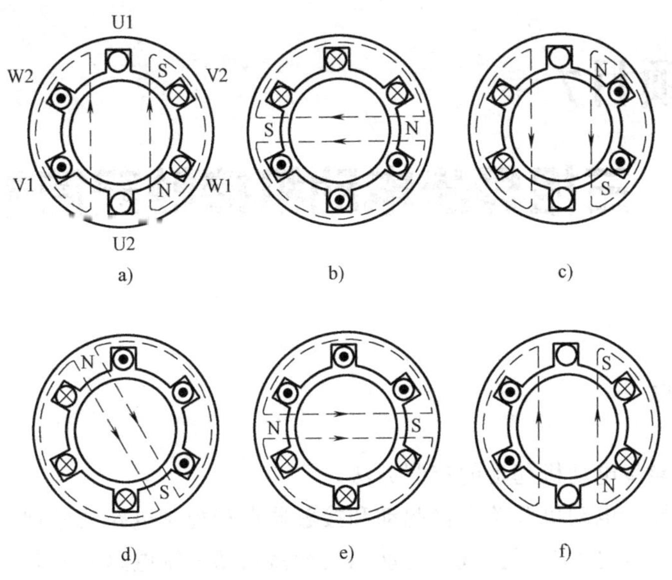

图 6-17　三相异步电动机的转动原理

6.6　能力拓展

1. 低压电器维修

任务目标：以继电器为维修对象，完成对继电器的拆卸、故障排查、故障维修和重新装配，并制定出相应的维修操作规则。

2. 小型三相异步电动机的绕线、嵌线

任务目标：以本项目中的三项异步电动机相关理论知识为基础，对小型三相异步电动机的定子绕组进行绕线、嵌线，并总结出绕线的过程工艺及注意事项。

实训项目7

三相异步电动机接触器简单控制

7.1 学习要点

1）了解三相异步电动机起动的控制方法。

2）掌握三相异步电动机开关直接起动和接触器点动控制电路的原理。

3）掌握三相异步电动机开关直接起动和接触器点动控制电路的安装与调试。

7.2 项目描述

通过对三相异步电动机开关直接起动和接触器点动控制电路的连接与调试实训，让学生掌握三相异步电动机直接起动和接触器点动控制方法，具备规范布局、布线、安装、调试控制电路的技能。

7.3 项目实施

任务内容：绘制工程电路原理图、编制器材明细表、绘制工程布局布线图、完成三相异步电动机用开关直接起动控制和用接触器点动控制电路的安装与调试。

7.3.1 三相异步电动机开关直接起动控制

1. 绘制工程电路原理图

三相异步电动机的直接起动控制电路原理图如图 7-1 所示。

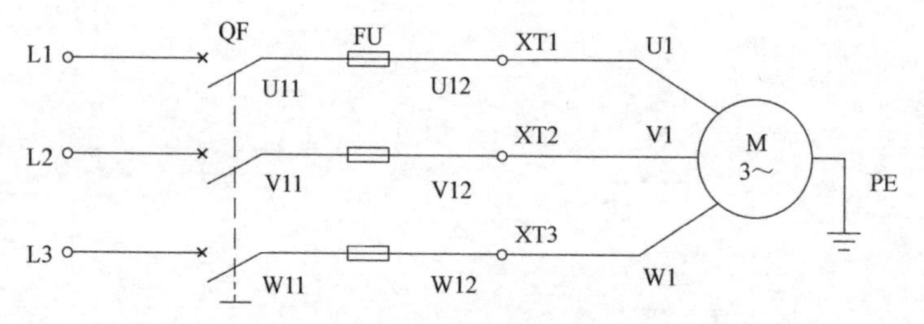

图 7-1 三相异步电动机的直接起动控制电路原理图

2. 编制器材明细表

该实训任务所需器材见表 7-1。

表 7-1　器材明细表（一）

代号	名　称	型　号	规　格	数　量
QS	低压断路器	DZ108-20	脱扣器整定电流 1~1.6A	1只
FU	螺旋式熔断器	RL1-15	配熔体 2A	3只
M	三相笼型异步电动机	Y2-63M2-2	380V(Y)	1台
L	导线	BVR	1.0mm²	若干米

3. 器材质量检查与清点

各器材在使用前需要进行清点与检查。

1）用万用表电阻档检测低压断路器、螺旋式熔断器是否可正常使用，如发现损坏及时更换。

2）用万用表电阻档分别测试三相笼型异步电动机三相绕组的直流电阻，三相电阻值应基本相等；用绝缘电阻表测试各绕组之间、绕组与外壳之间的绝缘电阻，绝缘电阻应该不小于 5MΩ。

3）将电动机三相绕组以星形联结方式进行接线。

4. 绘制工程布局布线图

图 7-2 所示是三相异步电动机直接起动控制的布局布线图。该图为示意图，各个器件形状采取外形相似图，用标准符号标明器件名称。布线信息可用电路节点标号标注而不用画出具体导线。

在该项目实训中，绘制布局布线图时切记应注意结合实际实验装置，根据电路所需元器件，规划合理的布局布线图。布局时要综合考虑导线尽可能短、元器件分布要均匀、排列整齐美观、方便布线、布线交叉少等。

5. 安装、敷设电路

1）根据图 7-2 在控制板上安装固定对应电气元器件。

2）在控制板上按布局布线图进行布线和导线套编码套管。

3）检查安装电动机，注意电动机的连接方式。

4）控制电路连接完成后，进行检查。

6. 通电检查与验收

确认安装牢固且接线无误后，先接通三相总电源，再合上 QF 开关，电动机应正常起动和平稳运转，用钳形表测量电动机电流应为正常值。若烧断熔丝（可看到熔芯顶盖弹出）或熔断器跳闸，则应分断电源，检查分析并排除故障后才可重新合上电源。

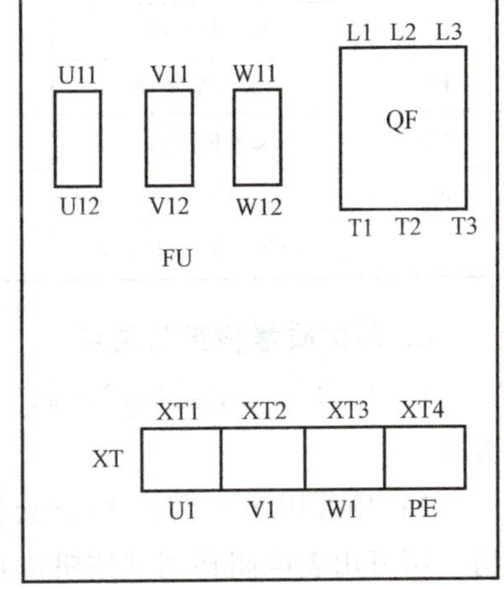

图 7-2　三相异步电动机的直接起动控制布局布线图

7. 整理器材

实训完成后，整理好所用器材、工具，按照要求放置到规定位置。

7.3.2　三相异步电动机接触器的点动控制

1. 绘制工程电路原理图

三相异步电动机的接触器点动控制原理图如图 7-3 所示。

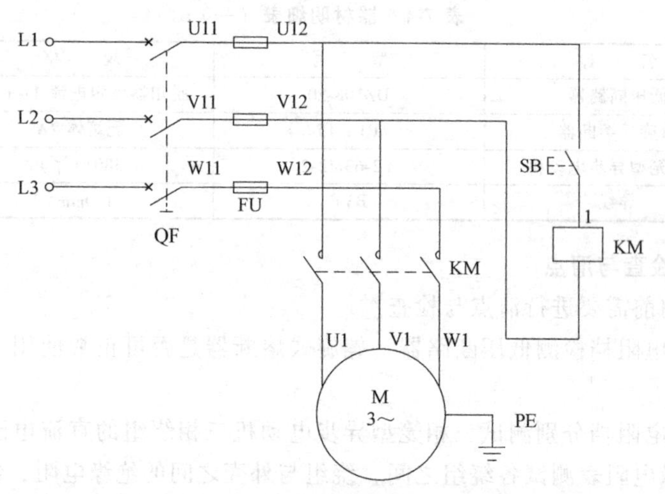

图 7-3 三相异步电动机的接触器点动控制原理图

2. 编制器材明细表

该实训任务所需器材见表 7-2。

表 7-2 器材明细表（二）

符 号	名 称	型 号	规 格	数 量	备 注
QF	低压断路器	DZ108-20	脱扣器整定电流 1～1.6A	1只	
FU	螺旋式熔断器	RL1-15	配熔体 2A	3只	
KM	交流接触器	LC1-K0910Q7	线圈 AC380V	1只	
SB	按钮	NP2	常开自动复位	1个	点动按钮用黑色
M	三相笼型异步电动机	Y2-63M2-2	U_N380V(Y)	1台	

3. 器材质量检查与清点

1）用万用表电阻档检测低压断路器、螺旋式熔断器是否可正常使用，如发现损坏及时更换。

2）用万用表电阻档检查交流接触器能否正常使用，用万用表电阻档测试按钮常开触头。

4. 绘制工程布局布线图

图 7-4 为三相异步电动机的接触器点动控制布局布线图。

5. 安装、敷设电路

1）根据图 7-4 在控制板上安装固定对应电气元器件。

2）在控制板上按布局布线图进行布线和导线套编码套管。

3）交流接触器主触头与控制触头接线不要混淆。

4）检查安装电动机，注意电动机的连接方式。

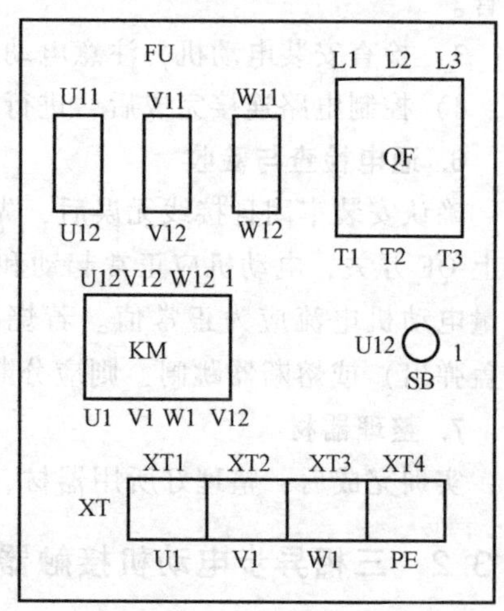

图 7-4 三相异步电动机的接触器点动控制布线图

5）控制电路连接完成后，进行检查。

6. 通电检查与验收

确认安装牢固且接线无误后，先接通三相总电源，再合上 QF 开关。按下起动按钮 SB 时，电动机应正常起动和平稳运转；松开按钮 SB 时，电动机应停转。若熔丝熔断（可看到熔芯顶盖弹出），则应分断电源，检查分析并排除故障后才可重新合上电源。

7. 整理器材

实训完成后，整理好所用器材、工具，按照要求放置到规定位置。

7.4 考核要点

1. 工程电路图、器材明细表、工程布局布线图

检查是否按电路原理图设置画出正确的工程电路原理图、编制器材明细表、绘制布局布线图；检查元器件的使用及安装是否正确。

2. 安装敷设施工

检查电路是否按工程规范接线，是否与电路原理图、布局布线图吻合，是否做到安全、美观、规范。

3. 检查与验收

通电测试电动机能否正常起动和运转。

4. 成绩评定

根据以上考核要点对学生进行成绩评定，三相异步电动机的直接起动控制成绩评定表见表 7-3，给出该项目实训成绩。

表 7-3 实训成绩评定表（一）

实训项目内容	分值/分	考核要点及评分标准	扣分/分	得分/分
装前检查	10分	电气元器件、仪表工具检查漏检或错检，每处扣5分		
布线	20分	不按电路图接线，每处扣5分		
	10分	漏接接地线，扣10分		
	10分	整体不整洁、布局不合理，扣10分		
通电测试	20分	第一次通电不能起动运转，扣20分		
	20分	第二次通电不能起动运转，扣20分		
安全、规范操作	5	每违规1次扣2分		
整理器材、工具	5	未将器材、工具等放到规定位置，扣5分		
学　时	4学时	综合成绩		

三相异步电动机的接触器点动控制成绩评定表见表 7-4，给出该项目实训成绩。

表 7-4　实训成绩评定表（二）

实训项目内容	分值/分	考核要点及评分标准	扣分/分	得分/分
装前检查	10 分	电器元件、仪表工具检查漏检或错检，每处扣 5 分		
布线	20 分	不按电路图接线，每处扣 5 分		
	10 分	漏接接地线，扣 10 分		
	10 分	整体不整洁、布局不合理，扣 10 分		
通电测试	20 分	第一次通电不能起动运转，扣 20 分		
	10 分	第二次通电不能起动运转，扣 10 分		
	10 分	起动运转后松开按钮不能停转，扣 10 分		
安全、规范操作	5	每违规 1 次扣 2 分		
整理器材、工具	5	未将器材、工具等放到规定位置，扣 5 分		
学　时	4 学时	综合成绩		

7.5　相关知识点

7.5.1　三相异步电动机的起动控制方式

三相笼型异步电动机的起动有两种方式，第一种是直接起动，即将额定电压直接加在电动机定子绕组端进行起动；第二种是减压起动，即在电动机起动时降低定子绕组上的外加电压，从而降低起动电流。减压起动又分为几种，如电阻或电抗器减压起动，Y-△减压起动，自耦变压器减压起动等。

直接起动虽有对电网冲击大（起动电流是额定电流的 4~7 倍）、电动机起动温度高的缺点，但因无需附加设备，且操作和控制简单、可靠，起动时间短。所以，在功率不是特别大、在条件允许的情况下还是被尽量采用。

目前在大中型厂矿企业中，变压器的容量已经足够大，因此，大多数小型笼型异步电动机都采用直接起动。本书也只针对广泛应用于厂矿企业中的各种三相异步电动机直接起动控制电路作为操作训练的项目。

7.5.2　三相异步电动机开关直接起动控制工作原理

本实训是用开关直接起动三相异步电动机，是最简单的直接起动控制方式。由于直接起动的起动电流很大，开关承载的过电流也较大，所以仅适合于电动机的功率较小、起动不频繁的控制。

三相异步电动机开关直接起动控制电路原理图如图 7-1 所示。

由图 7-1 可以看出，该电路线路简单、元件少，低压断路器 QF 具有过载、过电流、短路、断相、漏电等保护作用，熔断器 FU 主要作短路保护。工作时，QF 合起，三相电通过熔断器 FU 接通电动机三相绕组，产生旋转磁场使电动机转子旋转。

7.5.3　三相异步电动机接触器点动控制工作原理

三相异步电动机的接触器点动控制原理图如图7-3所示，其工作过程是当合上QF时，电动机是不会起动运转的，因为这时接触器KM的线圈未通电，它的主触头处在断开状态，电动机M的定子绕组上没有电压。若要使电动机M转动，只要按下按钮SB，使KM的线圈通电，主电路中KM的主触头闭合，电动机即可起动。但当松开按钮SB时，KM的线圈即失电，而使主触头分开，切断电动机的电源，电动机即停转。这种只有当按下按钮电动机才会运转、松开按钮即停转的电路，称为点动控制电路。这种电路常用作快速移动控制或调整机床。

接触器主要用于频繁接通或分断的交、直流电路中，具有控制容量大、可远距离操作的特点。配合继电器还可以实现定时操作、联锁控制、各种定量控制和失电压及欠电压保护等，广泛应用于自动控制电路，其主要控制对象是电动机，也可用于控制其他电力负载，如电热器、照明、电焊机及电容器组等。

在使用交流接触器的过程中，要注意定期对交流接触器的电磁衔铁和触头进行检查与维护，保证电磁铁吸合有力，各触头能够灵活地通断，触头表面清洁无锈蚀。

7.6　能力拓展

1. 电动机的定时运行与定时停车控制

任务目标：设计一电路，能够对三相异步电动机进行定时起动和定时停止的控制，绘制电路原理图并编制器材明细表。

2. 远程控制电动机电路设计

任务目标：设计一电路，要求能实现远程点动控制电动机的功能，绘制电路原理图并编制器材明细表。

实训项目8

三相异步电动机接触器自锁控制

8.1 学习要点

1）掌握三相异步电动机的接触器自锁控制电路的原理与电路安装。

2）掌握三相异步电动机的接触器自锁控制电路的故障检测方法。

8.2 项目描述

1）通过三相异步电动机接触器自锁控制电路的安装实训，让学生进一步掌握接触器的功能，并具备对三相异步电动机接触器自锁控制电路正确安装的技能。

2）通过三相异步电动机接触器自锁控制电路的故障检测实训，让学生学会电压、电阻分阶测量法，具备检测故障并排除故障的技能。

8.3 项目实施

8.3.1 三相异步电动机接触器自锁控制电路的安装

任务内容：绘制工程电路原理图；编制器材明细表；绘制工程布局布线图；完成三相异步电动机的接触器自锁控制电路的安装。

1. 绘制工程电路原理图

三相异步电动机接触器自锁控制电路原理图如图 8-1 所示。

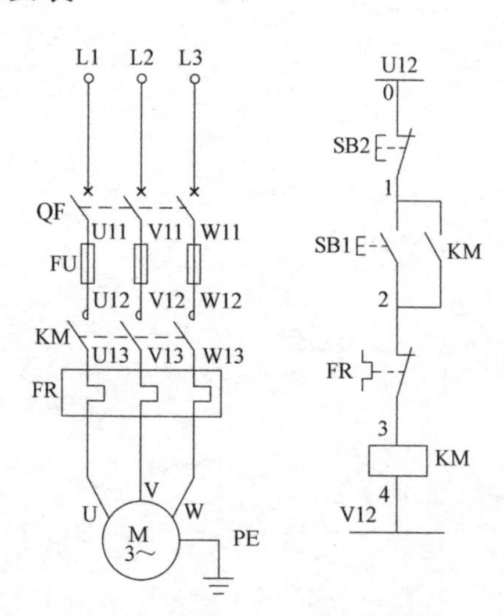

图 8-1 三相异步电动机接触器自锁控制电路原理图

2. 编制器材明细表

该实训任务所需器材见表 8-1。

3. 器材质量检查与清点

1）用万用表检测低压断路器、螺旋式熔断器能否正常使用，如发现损坏应及时更换。

2）用万用表电阻档检查交流接触器能否正常使用。

3）观察三相笼型异步电动机是星形联结还是三

角形联结。

4）检测电动机是否具备正常工作参数。

5）检查热继电器是否正常。

表 8-1　三相异步电动机接触器自锁控制电路器材明细表

代号	名　称	型　号	规　格	数量	备　注
QF	低压断路器	DZ108-20	脱扣器整定电流 1~1.6A	1 只	
FU	螺旋式熔断器	RL1-15	配熔体 2A	3 只	
KM	交流接触器	CJX4	线圈 AC380V	1 只	
SB1	按钮	NP2	常开，自动复位	1 个	绿色
SB2			常闭，自动复位	1 个	红色
M	三相笼型异步电动机	Y2-63M2-2	380V(Y)	1 台	
FR	热继电器	LR2-K0306	整定电流 0.63~1.2A	1 只	整定电流 0.67A

4. 绘制工程布局布线图

三相异步电动机接触器自锁控制电路的工程布局布线图如图 8-2 所示。

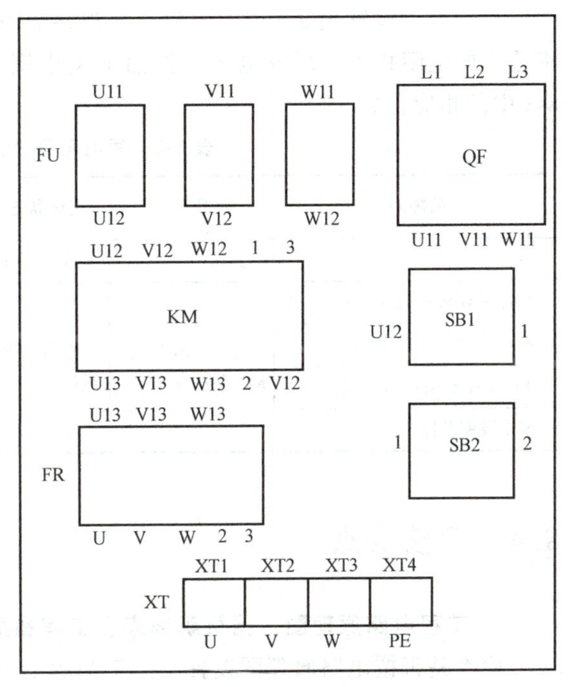

图 8-2　三相异步电动机接触器自锁控制电路的工程布局布线图

5. 安装、敷设电路

1）在控制板上安装器件，并贴上文字符号。

2）绘制接线图，检查无误后，在控制板上按接线图进行布线，各导线套上编码套管。

3）用绝缘电阻表测试电动机各相绕组之间、绕组与外壳之间的绝缘电阻。

4）检查安装电动机，注意电动机绕组的连接方式。

5）控制电路连接完成后，进行自检。

6. 通电检查与验收

确认安装牢固且接线无误后，先接通三相总电源，再合上 QF。按下起动按钮 SB1 时，电动机 M 应正常起动和平稳运转；松开按钮 SB1 时，电动机 M 应继续运转。只有当按下停止按钮 SB2 时，电动机 M 才停转。若熔丝熔断（可看到熔芯顶盖弹出），则应断开电源，检查分析并排除故障后才可重新合上电源。

7. 整理器材

实训完成后，整理好所用器材、工具，按照要求放置到规定位置。

8.3.2　三相异步电动机接触器自锁控制电路检测

任务内容：会用电压、电阻分阶测量法对电路进行故障检测。

1. 用电压分阶测量法检测故障点

首先人为设置表 8-2 中的故障点，观察故障现象。然后将万用表的转换开关置于交流电压 380V 的档位上，按照下文中图 8-3 所示的方法进行测量，将数据记录在表 8-2 中的相应位置。

表 8-2　用电压分阶测量法查找故障点

<table>
<tr><th>故障点</th><th>故障现象</th><th>测试状态</th><th>4-1</th><th>4-2</th><th>4-3</th></tr>
<tr><td>无</td><td>正常</td><td rowspan="5">按下 SB1 不放</td><td></td><td></td><td></td></tr>
<tr><td>SB2 常闭触头接触不良</td><td rowspan="4">按下 SB1 时，KM 不吸合</td><td></td><td></td><td></td></tr>
<tr><td>SB1 常开触头接触不良</td><td></td><td></td><td></td></tr>
<tr><td>FR 常闭触头接触不良</td><td></td><td></td><td></td></tr>
<tr><td>KM 线圈断路</td><td></td><td></td><td></td></tr>
</table>

2. 用电阻分阶测量法检测故障点

首先人为设置表 8-3 中的故障点，观察故障现象。然后将万用表的转换开关位置调到倍率适当的电阻档上，断开电源，按照下文中图 8-5 所示的方法进行测量，将数据记录在表 8-3 中的相应位置。

表 8-3　用电阻分阶测量法查找故障点

<table>
<tr><th>故障点</th><th>故障现象</th><th>测试状态</th><th>4-0</th><th>4-1</th><th>4-2</th><th>4-3</th></tr>
<tr><td>无</td><td>正常</td><td>按下 SB1</td><td></td><td></td><td></td><td></td></tr>
<tr><td>SB2 常闭触头接触不良</td><td rowspan="4">按下 SB1 时，KM 不吸合</td><td rowspan="4">按下 SB1 不放</td><td></td><td></td><td></td><td></td></tr>
<tr><td>SB1 常开触头接触不良</td><td></td><td></td><td></td><td></td></tr>
<tr><td>FR 常闭触头接触不良</td><td></td><td></td><td></td><td></td></tr>
<tr><td>KM 线圈断路</td><td></td><td></td><td></td><td></td></tr>
</table>

8.4　考核要点

1. 工程电路原理图、器材明细表、工程布局布线图

检查是否按电路原理图设置画出正确的工程电路原理图、编制出器材明细表；绘制布局布线图；检查器件是否使用及安装是否正确。

2. 安装敷设施工

检查电路是否按工程规范接线，是否与电路图、布局布线图吻合，是否做到安全、美观、规范。

3. 检查与验收

1）检查三相异步电动机的接触器自锁控制电路，当按下起动按钮 SB1 时，电动机 M 能否正常起动和平稳运转；松开按钮 SB1 时，电动机 M 能否继续运转；按下停止按钮 SB2 时，电动机 M 能否停转。

2）检查是否能正确使用电压分阶测量法和电阻分阶测量法进行故障点的判别，并修复

故障点。

4. 成绩评定

根据以上考核要点对学生进行成绩评定，参见表8-4，给出该项目实训成绩。

表8-4　实训成绩评定表

实训项目内容	分值/分	考核要点及评分标准	扣分/分	得分/分
工程电路原理图、器材明细表、工程布局布线图	20	工程电路原理图和布局布线图绘制不正确、器材明细表编制不正确，每处扣5分		
		器件连接不正确，每处扣5分		
安装敷设施工	30	未按工程规范接线，每处扣5分		
		与电路原理图、布局布线图不吻合，每处扣5分		
检查与验收	40	按下起动按钮SB1时，电动机M不能正常起动，扣10分		
		松开按钮开关SB1时，电动机M即刻停转，扣10分		
		按下停止按钮SB2时，电动机M不能停转，扣10分		
		不能正确使用电压分阶测量法，扣10分		
		不能正确使用电阻分阶测量法，扣10分		
安全、规范操作	5	每违规1次扣2分		
整理器材、工具	5	未将器材、工具等放到规定位置，扣5分		
学　时	4学时	综合成绩		

8.5　相关知识点

8.5.1　三相异步电动机接触器自锁控制电路工作原理

三相异步电动机接触器自锁控制电路原理图如图8-1所示，该电路的动作过程是：合上QF，按下起动按钮SB1时，KM线圈通电，其主触头和常开辅助触头均闭合，电动机M通电起动运转。当松开按钮SB1时，电动机M不会停转，因为这时接触器KM线圈可以通过并联在SB1两端已闭合的辅助触头继续维持通电，保证KM主触头仍处在接通状态，电动机M就不会失电，也就不会停转。这种松开按钮而仍能自行保持KM线圈通电的控制电路称为具有自锁（或自保）的接触器控制电路，简称自锁控制电路。与SB1并联的这一对KM常开辅助触头称为自锁（或自保）触头。

8.5.2　三相异步电动机接触器自锁控制电路故障检修步骤和方法

1. 常见故障分析与检修步骤

故障主要可分为两大类：一类是有明显的外表特征并容易被发现的，例如电动机的绕组过热、冒烟，甚至发生焦臭味或火花等，在排除这类故障时，除了更换损坏的电动机绕组之外，还必须找出和排除造成上述故障的原因；另一类故障是没有外表特征的，例如在控制电路中由于元件调整不当、动作失灵或小零件损坏及导线断裂等原因引起的，这类故障在机床电路中经常碰到，由于没有外表特征，常需要用较多的时间去寻找故障原因，有时还需运用各类测量仪表和工具才能找出故障点，才能进行调整和修复，使电气设备恢复正常运行。因此，找出故障点是机床电气设备检修工作中的一个重要环节。电气设备发生故障后检查步骤如下：

（1）修理前的调查

向操作者了解故障发生的经过，因为操作者了解故障前的工作情况及故障后的症状，对处理故障具有重要意义，然后再通过看、问、听、摸寻找故障，有些故障还应进一步检查。

1）看。熔断器内熔体是否熔断，其他电器元件有无烧毁、发热、断线，导线连接螺钉是否松动，有无异常的气味等。

2）问。发生故障后，向操作者了解故障发生的前后情况，有利于根据电气设备的工作原理来判断发生故障的部位，分析故障的原因，一般询问项目是：故障是经常发生，还是偶然发生，有哪些现象（如响声、冒火、冒烟等），故障发生前有无频繁起动、停止、过载，是否经过保养检修等。

3）听。电动机、变压器和有些电气元件在正常运行时的声音和发生故障时的声音会有明显差异，听听它们的声音是否正常，可以帮助寻找故障部位。

4）摸。电动机、变压器和绕组等发生故障时，温度会显著上升，可切断电源用手靠近感受温度变化。

（2）熟悉控制电路

机床电气设备发生故障后，为了能根据情况迅速找到故障位置，就必须熟悉机床的控制电路，要了解机床的基本工作原理。

（3）根据电气原理图、接线图确定故障发生的范围

从故障现象出发，按电路工作原理进行分析，便可判断故障发生的可能范围，然后再根据接线图找出故障发生的确切部位。

（4）进行外表检查

在判断了故障可能发生的范围后，在此范围内再对有关电气元件进行外表检查，常能发现故障的确切部位。例如：接线头脱落、触头接触不良或未焊牢、弹簧断裂或脱落以及线圈烧坏等，都能明显地确定故障点。

（5）按试验控制电路的动作顺序，查找故障范围

经外表检查未发现故障点时，可进一步检查电气元件动作情况，如操作开关或按钮，查看电路中各继电器、接触器相关触头是否按规定顺序动作。若不符合规定，则说明与此电器有关的电路存在问题，再在此电路中进行逐项分析和检查，一般便可找出故障点。

（6）利用测量工具和仪表来检查故障范围

如果故障没有外表特征，故障排除也比较困难，一般采用低压验电器、试灯和万用表等工具检查电路。利用万用表的电阻档可检测电气元件是否短路或断路（测量时必须切断电源）。利用万用表的电压、电流档来检测电路的电压、电流值是否正常及三相电是否平衡，这也是一种比较好的、能有效地找出故障的手段。

2. 利用万用表检查故障的几种方法

（1）电压测量法

检查时将万用表的选择开关转到交流电压500V档位上。

1）分阶测量法

电压的分阶测量法如图8-3所示。若按下起动按钮SB1，接触器KM不吸合，则说明电路有故障。

检查时，首先用万用表测量0-4两点间的电压，若电路正常，电压应为380V。然后，按住起动按钮不放，再将黑色表棒接到点4上，红色表棒按点3、2、1、0标号依次向前移动，分别测量4-3、4-2、4-1、4-0各阶之间的电压，电路正常情况下，各阶的电压值均应为380V。如测到4-3之间无电压，则说明有断路故障，此时将红色表棒向前移，当移至某点（如点1时）电压正常，说明该点（点1）以前的触头或连接线是完好的，而该点（点1）以后的触头或连接线存在断路故障。根据各阶电压值来检查故障的方法见表8-5。

表8-5　分阶测量法所测电压值及故障原因

故障现象	测试状态	4-3	4-2	4-1	4-0	故障原因
按下SB1时，KM不吸合	按下SB1不放	380V	380V	380V	380V	KM线圈接触不良或损坏
		0	380V	380V	380V	FR常闭触头接触不良，未导通
		0	0	380V	380V	SB1接触不良，未导通
		0	0	0	380V	SB2接触不良，未导通

这种测量方法像上台阶一样，所以称为分阶测量法。分阶测量法可向上测量（即由点4向点0测量），也可向下测量，即依次测量0-1、0-2、0-3、0-4。不过向下测量时，若某阶电压等于电源电压时，则说明刚测过的触头或连接导线有断路故障。

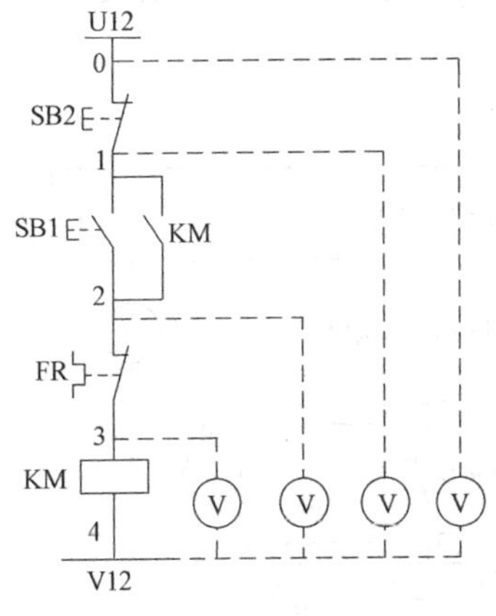

图8-3　电压的分阶测量法

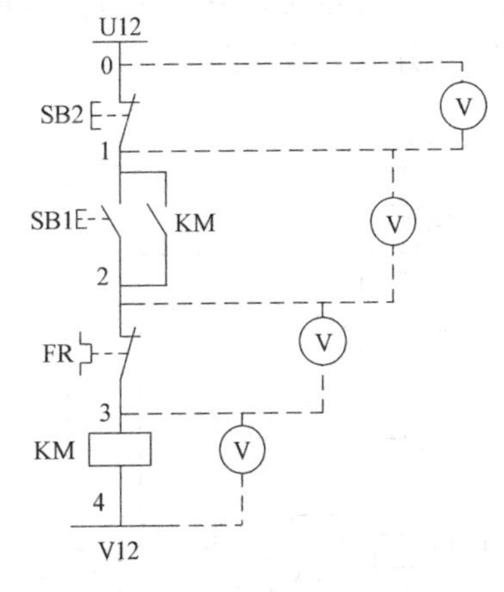

图8-4　电压的分段测量法

2）分段测量法

电压的分段测量法如图8-4所示。先用万用表测试0-4两点，电压值为380V，说明电源电压正常。

电压的分段测试法是将红、黑两根表棒逐段测量相邻两标号点0-1、1-2、2-3、3-4间的电压。如电路正常，除3-4两点间的电压等于380V之外，其他任何相邻两点间的电压值均为零。

若按下起动按钮SB1，接触器KM不吸合，则说明电路断路，此时可用电压表逐段测试各相邻两点间的电压。如测量到某相邻两点间的电压为380V时，则说明这两点间所包含的触头、连接导线接触不良或有断路。例如标号2-3两点间的电压为380V，则说明接触器FR

的常闭触头接触不良，未接通。根据各段电压值来检查故障的方法见表 8-6。

表 8-6　分段测量法所测电压值及故障原因

故障现象	测试状态	0-1	1-2	2-3	3-4	故障原因
按下 SB1 时，KM 不吸合	按下 SB1 不放	380V	0	0	0	SB2 触头接触不良，未导通
		0	380V	0	0	SB1 触头接触不良，未导通
		0	0	380V	0	FR 常闭触头接触不良，未导通
		0	0	0	380V	KM 线圈接触不良或损坏

（2）电阻测量法

1）分阶测量法

电阻的分阶测量法如图 8-5 所示。按下起动按钮 SB1，接触器 KM 不吸合，说明该电路有故障。

检查时，先要断开电源，然后把万用表的选择开关转至电阻“×1kΩ”档。按下 SB1 不放，测量 0-4 两点间的电阻，若电阻值为无穷大，则说明电路断路。此时逐步分阶测量 0-1、0-2、0-3、0-4 各点间的电阻值。当测量到某标号间的电阻值突然增大时，则说明表棒刚跨过的触头或连接导线接触不良或断路。

2）分段测量法

电阻的分段测量法如图 8-6 所示。检查时，先切断电源，按下起动按钮 SB1，然后逐段测量相邻两标号点 0-1、1-2、2-3、3-4 间的电阻。如测得某两点间的电阻值无穷大，则说明该段的触头或导线断路。例如，当测得 0-1 两点间的电阻值很大时，则说明停止按钮 SB2 接触不良或连接导线断路。

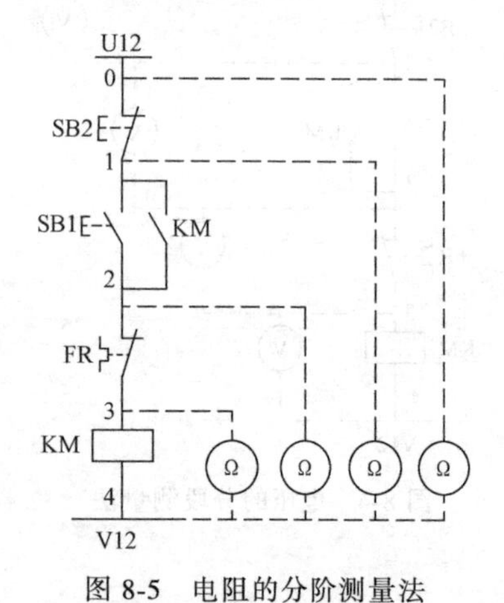

图 8-5　电阻的分阶测量法

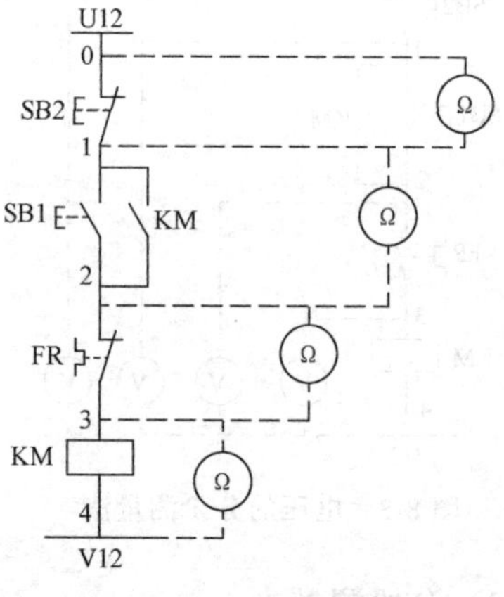

图 8-6　电阻的分段测量法

（3）检测时的注意事项

1）用电阻测量法检查故障时一定要断开电源。

2）如被测电路与其他电路并联时，必须将该电路与其他电路断开，否则所测得的值不准确。

3）不能随意更改电路，避免扩大和产生新的故障。

4）带电测量时必须有人监护，以确保设备及人身安全。

8.6　能力拓展

针对CA6140型车床主轴电动机M起动后不能自锁的情况进行故障检测及维修。

任务目标：针对CA6140型车床主轴电动机M起动后不能自锁的情况，使用正确的检测方法查找出故障点，并采取正确的维修方法排除故障，编制器材明细表。

实训项目9

三相异步电动机接触器联锁正反转控制

9.1 学习要点

1）掌握三相异步电动机接触器联锁正反转控制的原理。

2）掌握三相异步电动机接触器联锁正反转控制电路的安装与调试。

9.2 项目描述

通过三相异步电动机接触器联锁正反转控制电路的安装与调试实训，让学生掌握电动机正反转的基本原理，具备根据不同需求对三相异步电动机控制电路进行安装与调试的技能。

9.3 项目实施

任务内容：绘制工程电路原理图；编制器材明细表；绘制工程布局布线图；完成三相异步电动机接触器联锁正反转控制电路的安装与调试。

1. 绘制工程电路原理图

接触器联锁三相异步电动机正反转控制的电路原理图如图9-1所示，它采用两个接触器的常闭辅助触头实现互锁。

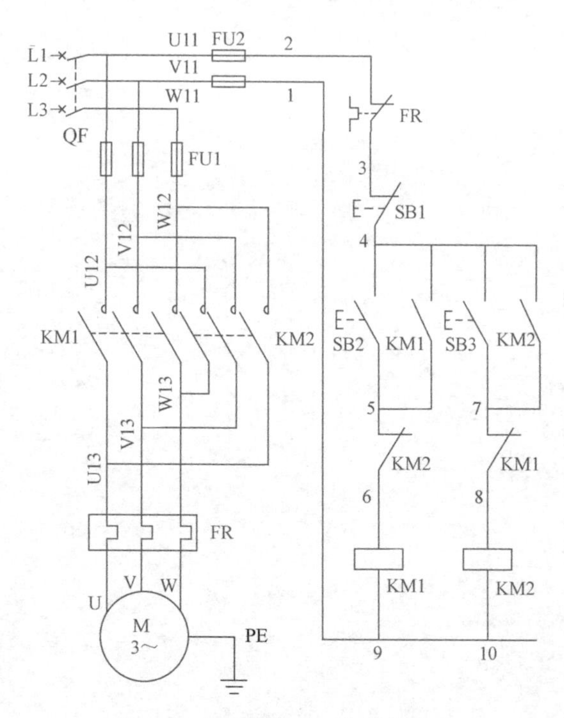

图9-1 接触器联锁三相异步电动机正反转控制电路原理图

2. 编制器材明细表

该实训任务所需器材见表9-1。

3. 绘制工程布局布线图

接触器联锁三相异步电动机正反转控制电路布局布线图如图9-2所示。

4. 器材质量检查与清点

1）用万用表检测低压断路器、螺旋式熔断器、瓷插式熔断器、交流接触器、热继电器、按钮是否可正常使用。

2）观察三相笼型异步电动机是星形联

表 9-1　器材明细表

代　号	名　　称	型　　号	规　　格	数量	备　注
QF	低压断路器	DZ108-20	脱扣器整定电流 1~1.6A	1 只	
FU1	螺旋式熔断器	RL1-15	配熔体 2A	3 只	
FU2	瓷插式熔断器	RT14-20	配熔体 2A	2 只	
KM1、KM2	交流接触器	CJX4	线圈 AC380V	2 只	
FR	热继电器	NR2-25	整定电流 0.63~1A	1 只	整定电流 0.67A
SB1	按钮	NP2	常闭,自动复位	3 个	SB2、SB3 用绿色,SB1 红色
SB2			常开,自动复位		
SB3			常开,自动复位		
M	三相笼型异步电动机	Y2-63M2-2	380V、0.67A 250W	1 台	

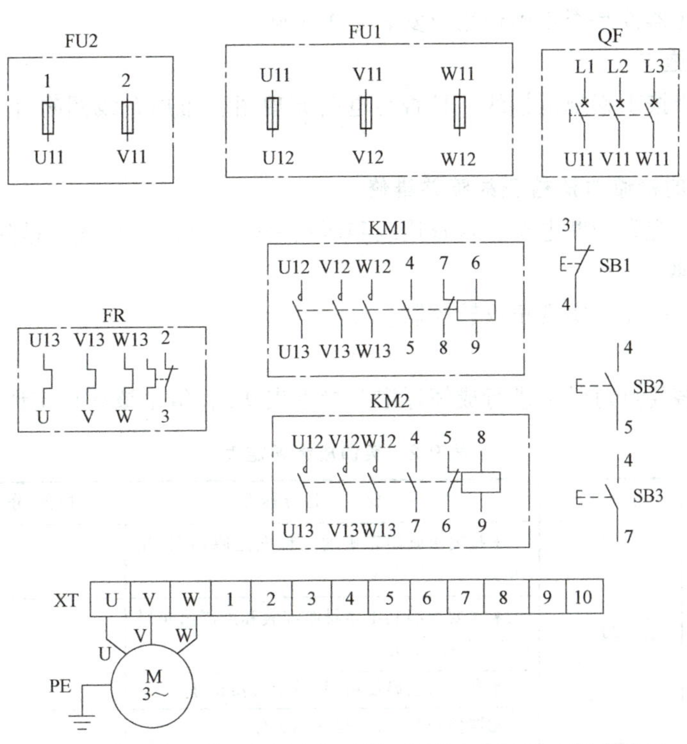

图 9-2　接触器联锁三相异步电动机正反转控制电路布局布线图

结还是三角形联结。

3）检测电动机是否具备正常工作参数。

5. 安装、敷设电路

1）在控制板上安装电气元器件，并贴上文字符号。

2）在控制板上按布线图进行布线，按布局布线图检查无误后，在导线上套编码套管。

3）用绝缘电阻表测试各相绕组之间、绕组与外壳之间的绝缘电阻。

4）检查安装电动机，注意电动机的连接方式。

5）控制电路连接完成后，进行检查。

6. 通电检查与验收

（1）正转控制　合上 QF，按正转起动按钮 SB2，电动机正转。

（2）反转控制　先按下停止按钮 SB1，使电动机停转以后，再按下反转按钮 SB3，电动机反转。

7. 整理器材

实训完成后，整理好所用器材、工具，按照要求放置到规定位置。

9.4　考核要点

1. 工程电路图、器材明细表、工程布局布线图

检查是否按电路原理图设置画出正确的工程电路原理图、编制出器材明细表和绘制出布局布线图；检查元器件是否正确使用及安装是否正确。

2. 安装敷设施工

检查电路是否按工程规范接线，是否与电路原理图、布局布线图吻合，是否做到安全、美观、规范。

3. 使用正确的检修方法检测故障并维修

如发生故障，应先切断电源，检查连线和压接是否有问题，再逐次排除故障。

4. 检查与验收

通电测试电动机能否实现正反转控制。

5. 成绩评定

根据以上考核要点对学生进行成绩评定，参见表 9-2，给出该项目实训成绩。

表 9-2　实训成绩评定表

实训项目内容	分值/分	考核要点及评分标准	扣分/分	得分/分
画出正确的工程电路原理图、编制出器材明细表和绘制出布局布线图，元器件正确使用且安装无误	20	未按要求画出正确的工程电路原理图，扣10分		
		未按要求编制出器材明细表和绘制出布局布线图，扣10分		
		元器件未正确使用，每错1次扣5分		
		元器件安装有误，每处扣5分		
线路按工程规范接线，与电路图、布局布线图吻合	20	未按工程规范接线，每处扣5分		
		与电路图、布局布线图不吻合，每错1次扣5分		
检查与验收	50	电动机不能正常起动运转，扣30分		
		电动机不能实现正反转，扣20分		
安全、规范操作	5	每违规1次扣2分		
整理器材、工具	5	未将器材、工具等放到规定位置，扣5分		
学　时	4学时	综合成绩		

9.5　相关知识点

三相异步电动机接触器联锁正反转控制电路的原理图如图 9-1 所示，下面就正转控制和反转控制分别进行分析。

1．正转控制

合上 QF，按正转起动按钮 SB2，正转控制回路接通，其工作过程如下：

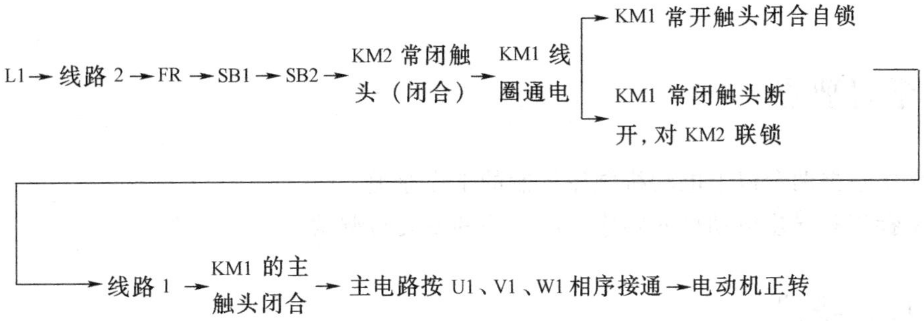

L1→线路 2→FR→SB1→SB2→KM2 常闭触头（闭合）→KM1 线圈通电→KM1 常开触头闭合自锁；KM1 常闭触头断开，对 KM2 联锁

→线路 1→KM1 的主触头闭合→主电路按 U1、V1、W1 相序接通→电动机正转

2．反转控制

要使电动机改变转向（即由正转变为反转）时，应先按下停止按钮 SB1，使正转控制电路断开，电动机停转，然后才能使电动机反转，为什么要这样操作呢？因为反转控制回路中串联了正转接触器 KM1 的常闭触头。当 KM1 通电工作时，它是断开的，若这时直接按反转按钮 SB3，反转接触器 KM2 是无法通电的，电动机也就得不到反转的电源，故电动机仍然处在正转状态，不会反转，当先按下停止按钮 SB1，使电动机停转以后，再按下反转按钮 SB3，电动机才会反转。电动机反转控制的工作过程如下：

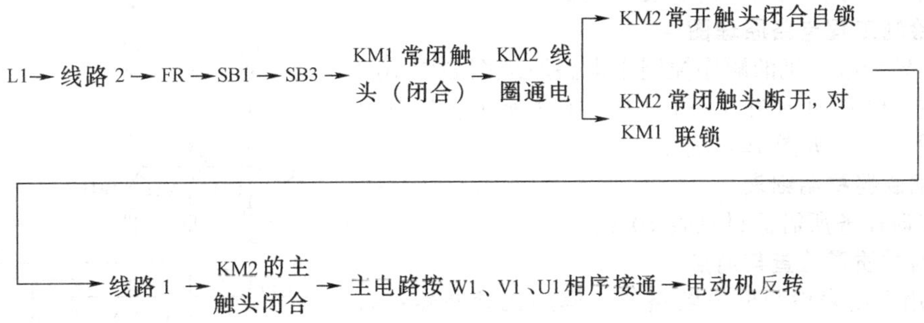

L1→线路 2→FR→SB1→SB3→KM1 常闭触头（闭合）→KM2 线圈通电→KM2 常开触头闭合自锁；KM2 常闭触头断开，对 KM1 联锁

→线路 1→KM2 的主触头闭合→主电路按 W1、V1、U1 相序接通→电动机反转

9.6　能力拓展

按钮联锁的三相异步电动机接触器正反转控制电路设计。

任务目标：试用正反转按钮代替接触器辅助触头，形成按钮联锁的三相异步电动机接触器正反转控制电路，绘制电路图并编制器材明细表。

实训项目10

三相异步电动机的顺序控制

10.1 学习要点

1）熟练掌握两台以上电动机顺序控制的工作原理。

2）掌握三相异步电动机的顺序控制电路的安装与调试。

10.2 项目描述

通过三相异步电动机的顺序控制电路的安装与调试实训，让学生掌握顺序控制的基本原理，具备根据不同需求对三相异步电动机进行控制电路安装与调试的技能。

10.3 项目实施

任务内容：绘制工程电路原理图；编制器材明细表；绘制工程布局布线图；完成三相异步电动机的顺序控制电路的安装与调试。

1. 绘制工程电路原理图

三相异步电动机的顺序控制主电路原理图如图 10-1 所示，控制电路原理图（一）如图 10-2 所示，控制电路原理图（二）如图 10-3 所示。

2. 编制器材明细表

该实训任务所需器材见表 10-1。

3. 器材质量检查与清点

1）用万用表检测低压断路器、螺旋式熔断器可否正常使用。

2）检查交流接触器是否正常。

3）观察三相笼型异步电动机是星形联结还是三角形联结。

4）检测电动机是否具备正常工作参数。

5）检查热继电器、按钮是否正常。

4. 绘制工程布局布线图

三相异步电动机的顺序控制电路工程布局布线图如图 10-4 和图 10-5 所示。

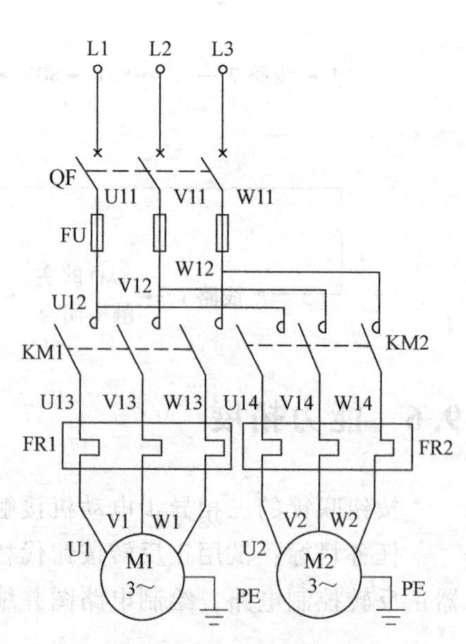

图 10-1 三相异步电动机的顺序控制主电路原理图

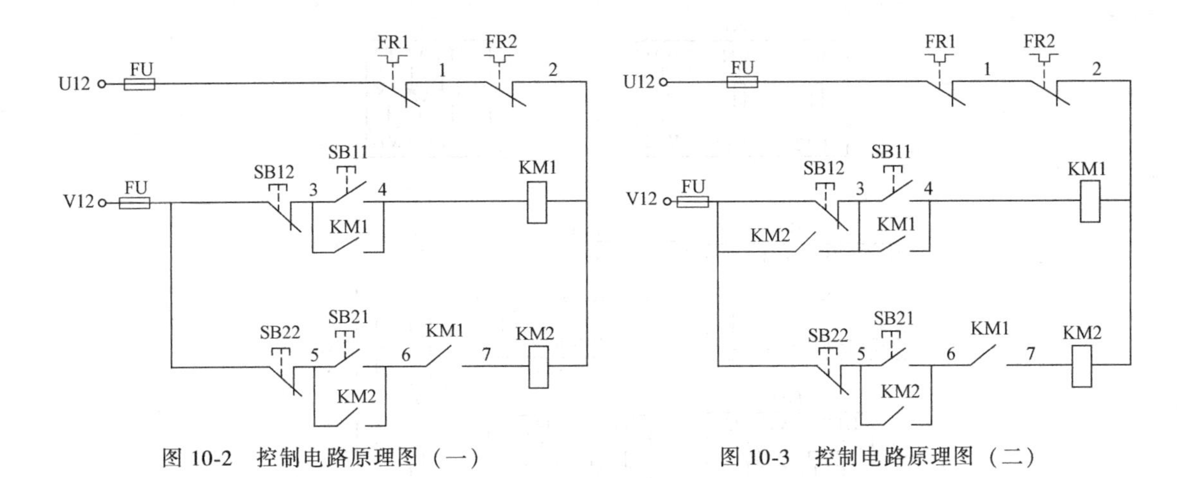

图 10-2　控制电路原理图（一）

图 10-3　控制电路原理图（二）

表 10-1　器材明细表

代　号	名　　称	型　　号	规　　格	数量	备　　注
QF	低压断路器	DZ108-20	脱扣器整定电流 1～1.6A	1 只	
FU	螺旋式熔断器	RL1-15	配熔体 2A	5 只	
KM1、KM2	交流接触器	CJX4	线圈 AC380V	2 只	
	继电器方座	PF-083A		2 个	
FR1、FR2	热继电器	NR2-25	整定电流 0.63～1A	2 只	
SB11、SB12、SB21、SB22	按钮	LAY16	一常开、一常闭，自动复位	4 个	SB11、SB21 为绿色 SB12、SB22 为红色
M1、M2	三相笼型异步电动机	Y2-63M2-2	380V(Y)	2 台	

5. 安装、敷设电路

1）在控制板上安装电气元件，并贴上文字符号。

2）绘制接线图，检查无误后在控制板上按接线图进行布线，在导线上套编码套管。

3）用绝缘电阻表测试各相绕组之间、绕组与外壳之间的绝缘电阻。

4）检查安装电动机，注意电动机的连接方式。

5）控制电路连接完成后，进行自检。

6）检查无误后，通电检验，电动机正常运转。

6. 检测与调试

经检查安装接线无误后，方可通电试车。

1）控制电路（一）中，检查 M1 和 M2 的起动顺序和停转顺序。

2）控制电路（二）中，检查 M1 和 M2 的起动顺序和停转顺序。

若出现故障，请分析排除使之正常工作。

7. 整理器材

实训完成后，整理好所用器材、工具，按照要求放置到规定位置。

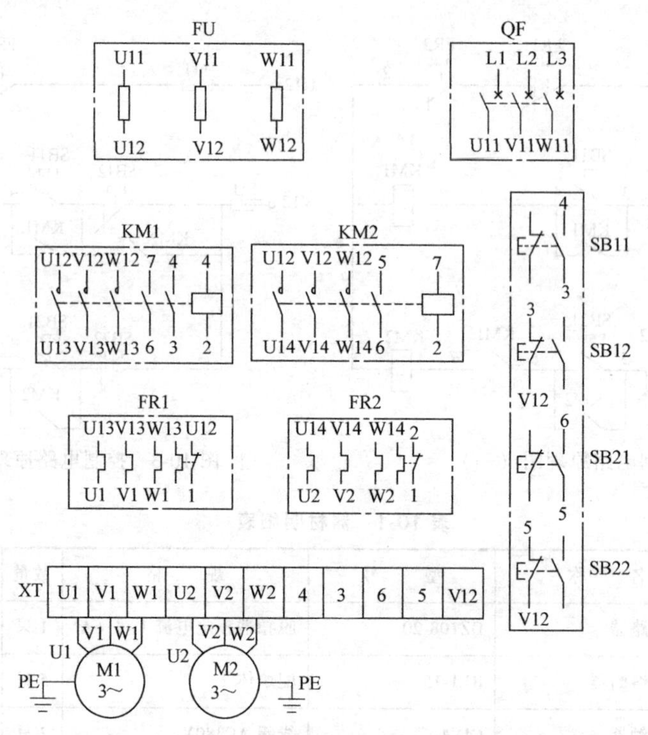

图 10-4　三相异步电动机顺序控制电路布局布线图（一）

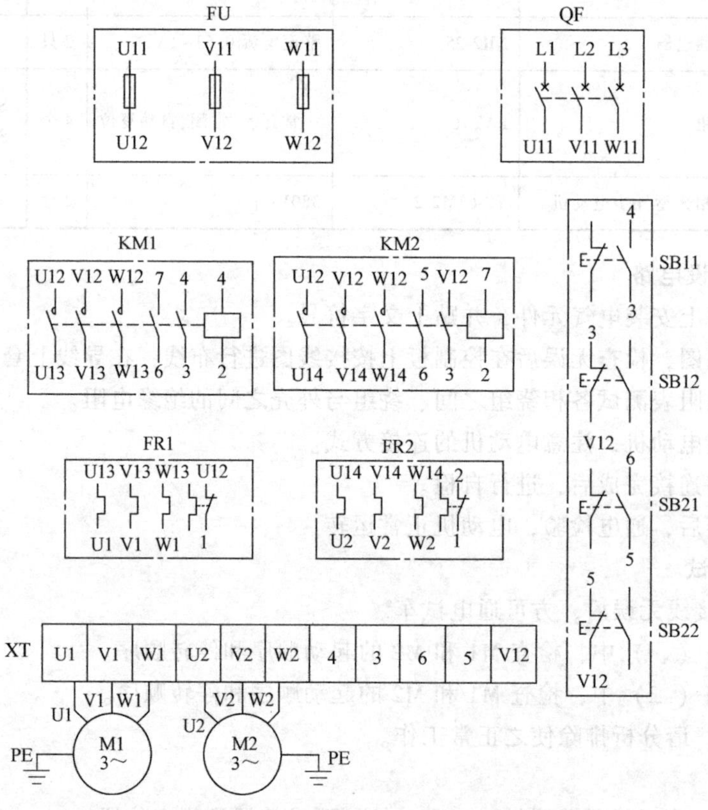

图 10-5　三相异步电动机顺序控制电路布局布线图（二）

10.4　考核要点

1. 工程电路原理图、器材明细表、工程布局布线图

检查是否按电路原理图设置画出正确的工程电路原理图、编制出器材明细表和绘制出布局布线图，检查元器件是否使用及安装是否正确。

2. 安装敷设施工

检查电路是否按工程规范接线，是否与电路图、布局布线图吻合，是否做到安全、美观、规范。

3. 检查与验收

1）控制电路（一）中，电动机能否顺序起动，起动后的停转是否有顺序。

2）控制电路（二）中，电动机能否顺序起动，起动后的停转是否有顺序。

4. 成绩评定

根据以上考核要点对学生进行成绩评定，参见表 10-2，给出该项目实训成绩。

表 10-2　实训成绩评定表

实训项目内容	分值/分	考核要点及评分标准	扣分/分	得分/分
工程电路图、器材明细表、工程布局布线图	30	工程电路原理图和布局布线图编制不正确、器材清单编制不正确，每处扣 5 分		
		元器件连接不正确，每处扣 5 分		
安装敷设施工	30	未按工程规范接线，每处扣 5 分		
		与电路图、布局布线图不吻合，每处扣 5 分		
检查与验收	30	控制电路(一)中，未能实现 M1 先起动、M2 后起动的，扣 10 分		
		控制电路(二)中，未能实现 M1 先起动、M2 后起动的，扣 10 分		
		控制电路(二)中，未能实现 M2 先停转、M1 后停转的，扣 10 分		
安全、规范操作	5	每违规 1 次扣 2 分		
整理器材、工具	5	未将器材、工具等放到规定位置，扣 5 分		
学　时	4 学时	综合成绩		

10.5　相关知识点

三相异步电动机的顺序控制主电路原理图如图 10-1 所示，它有两种顺序控制电路，控制电路原理图（一）如图 10-2 所示，控制电路原理图（二）如图 10-3 所示。

控制电路（一）的工作原理：该控制电路中，接触器 KM1 的一对常开触头（线号为 6、7）串联在接触器 KM2 线圈的控制电路中。当按下 SB11 时，电动机 M1 起动运转，KM1 所有的常开辅助触头都闭合；此时，按下 SB21，电动机 M2 起动运转。若 M1 未起动运转时先按下按钮 SB21，由于 KM1 的常开辅助触头未闭合，因此 M2 不会起动运转。若要让 M2 电动机停转，则只需要按下 SB22，如 M1、M2 都停转，则只要按下 SB12 即可。

控制电路（二）的工作原理：该控制电路中，由于在 SB12 停止按钮两端并联着一个接触器 KM2 的常开辅助触头（线号为 V12、3），所以只有先使接触器 KM2 线圈失电，即电动机 M2 停转，同时 KM2 常开辅助触头断开，然后才能按动 SB12 达到断开接触器 KM1 线圈电源的目的，使电动机 M1 停止。这种顺控制电路的特点是使两台电动机依次顺序起动，而逆序停止。

10.6　能力拓展

3 台三相异步电动机的顺序控制电路设计。

任务目标：设计一电路，能够对 3 台三相异步电动机进行顺序控制，使 3 台三相异步电动机的起动和停止按一定顺序完成，并编制器材明细表，画出电路原理图。

实训项目11 三相异步电动机的多地控制

11.1 学习要点

1）掌握远距离电动机控制的原理。

2）掌握远距离电动机控制电路的安装与调试。

11.2 项目描述

通过三相异步电动机的多地控制电路的连接与调试实训，让学生掌握多地控制的基本原理，具备根据不同需求对三相异步电动机控制电路进行安装与调试的技能。

11.3 项目实施

任务内容：绘制工程电路原理图；编制器材明细表；绘制工程布局布线图；完成三相异步电动机的多地控制电路的安装与调试。

1. 绘制工程电路原理图

三相异步电动机的多地控制电路原理图如图 11-1 所示。

2. 编制器材明细表

该实训任务所需器材见表 11-1。

表 11-1 器材明细表

代号	名　称	型　号	规　格	数　量	备　注
FU	熔断器	RL1-15	配熔体 2A	5 只	
QF	低压断路器	DZ108-20	脱扣器整定电流 1～1.6A	1 只	
KM	交流接触器	CJX4	线圈 AC380V	1 只	
FR	热继电器	NR2-25	整定电流 0.63～1A	1 只	
SB11、SB12 SB21、SB22	按钮	LAY16	一常开、一常闭、自动复位	4 个	SB11、SB21 绿色 SB12、SB22 红色
M	三相笼型异步电动机	Y2-63M2-2	380V(Y)	1 台	

3. 器材质量检查与清点

1）用万用表检测低压断路器可否正常使用。

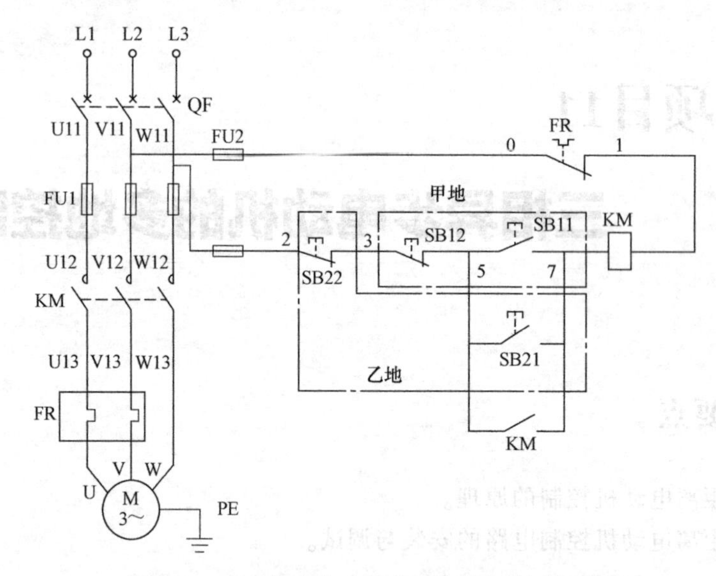

图 11-1　三相异步电动机多地控制电路原理图

2）检查交流接触器是否正常。

3）观察三相笼型异步电动机是星形联结还是三角形联结。

4）检测电动机是否具备正常工作参数。

5）检查热继电器是否正常。

4. 绘制工程布局布线图

三相异步电动机多地控制电路工程布局布线图如图 11-2 所示。

5. 安装、敷设电路

1）在控制板上安装电气元器件，并贴上文字符号。

2）绘制接线图，检查无误后，在控制板上按接线图进行布线，在导线上套编码套管。

3）用绝缘电阻表测试各相绕组之间、绕组与外壳之间的绝缘电阻。

4）检查安装电动机，注意电动机的连接方式。

5）控制电路连接完成后，进行自检。

6. 检查与调试

经检查接线无误后，接通交流电源并进行操作，若操作中出现不正常故障，则应自行分析加以排除。

7. 整理器材

实训完成后，整理好所用器材、工

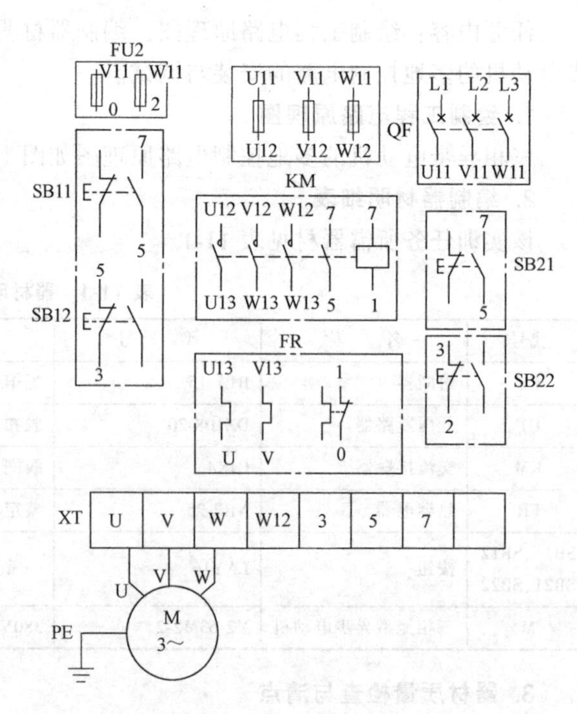

图 11-2　三相异步电动机多地控制电路布局布线图

具，按照要求放置到规定位置。

11.4　考核要点

1. 工程电路原理图、器材明细表、工程布局布线图

检查是否按电路原理图设置画出正确的工程电路原理图、绘制出器材明细表、布局布线图，元器件是否使用及安装是否正确。

2. 安装敷设施工

检查线路是否按工程规范接线，是否与电路图、布局布线图吻合，是否做到安全、美观、规范。

3. 检查与验收

通电测试，按下按钮 SB11 和 SB12 能否正确控制电动机的起动和停转；按下按钮 SB21 和 SB22 能否正确控制电动机的起动和停转。

4. 成绩评定

根据以上考核要点对学生进行成绩评定，参见表 11-2，给出该项目实训成绩。

表 11-2　实训成绩评定表

实训项目内容	分值/分	考核要点及评分标准	扣分/分	得分/分
工程电路原理图、器材明细表、工程布局布线图	30	工程电路原理图和布局布线图绘制不正确、器材明细表编制不正确，每处扣 5 分		
		元器件连接不正确，每处扣 5 分		
安装敷设施工	30	未按工程规范接线，每处扣 5 分		
		与电路图、布局布线图不吻合，每处扣 5 分		
检查与验收	30	通电测试，按下按钮 SB11 和 SB12 不能实现电动机的起动和停转，扣 15 分		
		通电测试，按下按钮 SB21 和 SB22 不能实现电动机的起动和停转，扣 15 分		
安全、规范操作	5	每违规一次扣 2 分		
整理器材、工具	5	未将器材、工具等放到规定位置，扣 5 分		
学　时	4 学时	综合成绩		

11.5　相关知识点

实际生产中使用大型设备时，为了操作方便，常要求能在两个及两个以上地点对其进行控制操作。例如：重型龙门刨床，有时在固定的操作台上控制，有时需要站在机床四周用悬挂按钮控制；有些场合，为了便于集中管理，由中央控制台进行控制，但每台设备调整检修时，又需要就地进行机旁控制等。

图 11-1 为三相异步电动机的多地控制电路原理图，其工作原理是：该电路图中，SB11 和 SB12 为甲地的起动和停止按钮；SB21 和 SB22 为乙地的起动和停止按钮。它们可以分别

在两个不同地点上，控制接触器 KM 的接通和断开，进而实现两地控制同一台电动机起、停的目的。用户可以通过该电路在两地对电动机的运转实现控制，这就给用户的操作带来了很大方便，并且可以实现一定距离的控制。

11.6 能力拓展

三相异步电动机的三地控制电路的设计。

任务目标：设计三相异步电动机的三地控制电路，能够实现三地控制同一电动机起动、停止，画出电路原理图并编制器材明细表。

实训项目12

三相异步电动机Y-△减压起动

12.1 学习要点

1）掌握三相异步电动机星形-三角形（Y-△）减压起动原理和安装与调试。

2）掌握三相异步电动机串联电阻减压起动原理和安装与调试。

12.2 项目描述

通过对三相异步电动机的Y-△减压起动控制电路的安装与调试实训，让学生掌握Y-△减压起动的工作原理，Y-△减压起动定子绕组的连接方式，并具备正确安装交流接触器和时间继电器以实现Y-△减压起动控制的技能，同时进一步掌握规范布局、布线、安装、调试控制电路的技能。

12.3 项目实施

任务内容：绘制工程电路原理图、编制器材明细表、绘制工程布局布线图、完成三相异步电动机Y-△减压起动控制电路的安装与调试

1. 绘制工程电路原理图

三相异步电动机星形-三角形（Y-△）减压起动原理如图 12-1 所示，它用 3 个交流接触器和 1 个时间继电器实现星形-三角形的切换。

2. 编制器材明细表

该实训任务所需器材见表 12-1。

3. 绘制工程布局布线图

三相异步电动机Y-△起动控制电路布局布线图如图 12-2 所示。

4. 器材质量检查与清点

1）用万用表检测低压断路器、螺旋式熔断器、瓷插式熔断器、交流接触器、热继电器、时间继电器、按钮是否可正常使用。

2）观察三相异步电动机是星形联结还是三角形联结。

3）检测电动机是否具备正常工作参数。

5. 安装、敷设电路

1）在控制板上安装电气元器件，并贴上文字符号。

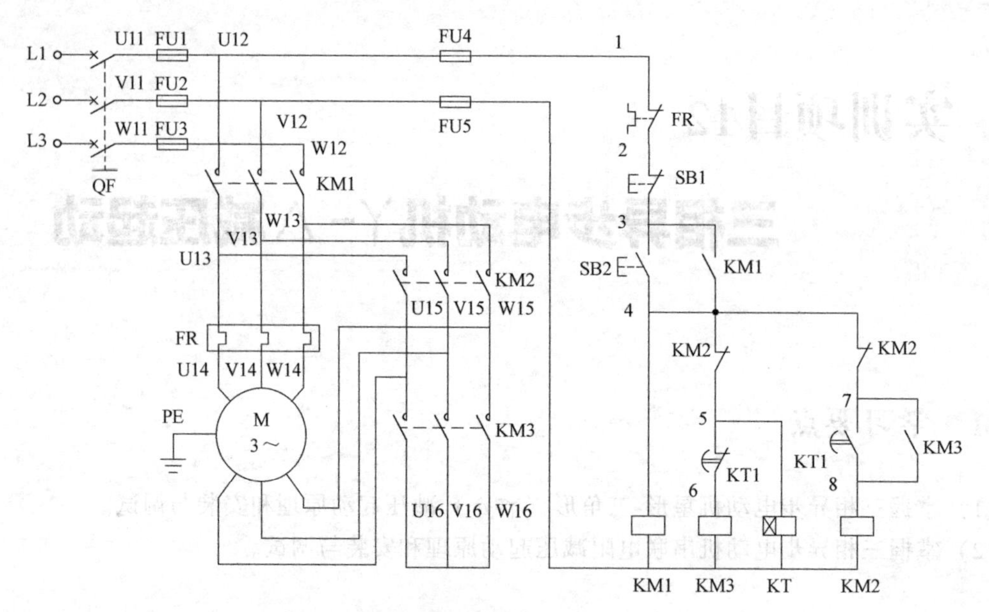

图 12-1　三相异步电动机Y-△减压起动原理图

表 12-1　器材明细表

代　号	名　称	型　号	规　格	数 量	备注
QF	低压断路器	DZ108-20	脱扣器整定电流 1~1.6A	1 只	
FU1、FU2、FU3	螺旋式熔断器	RL1-15	配熔体 2A	3 只	
FU4、FU5	瓷插式熔断器	RT14-20	配熔体 2A	2 只	
M	三相笼型异步电动机	Y2-63M2-2	380V，250W	1 台	
KM1/KM2/KM3	交流接触器	CJX4	线圈 AC380V	3 只	
FR	热继电器	NR2-25/Z	整定电流 0.63~1A	1 只	
SB1/SB2	按钮	LAY16	一常开、一常闭，自动复位	3 只	SB1 红色 SB2 绿色
KT1	时间继电器	ST3P	触头容量 3A	1 只	

2）按布局图检查布线图无误后，在控制板上按布线图进行布线和导线套编码套管。

3）用绝缘电阻表测试各相绕组之间、绕组与外壳之间的绝缘电阻。

4）检查安装电动机，注意电动机的连接方式。

5）控制电路连接完成后，进行检查。

6. 通电检查与验收

合上 QF，按下起动按钮 SB2，电动机接成星形联结，开始减压起动。时间继电器 KT 延时时间设定为电动机起动过程时间（一般为 6~8s），当电动机转速接近额定转速时，时间继电器整定时间到，KT 动作，电动机由星形联结改成三角形联结，进入正常运行。

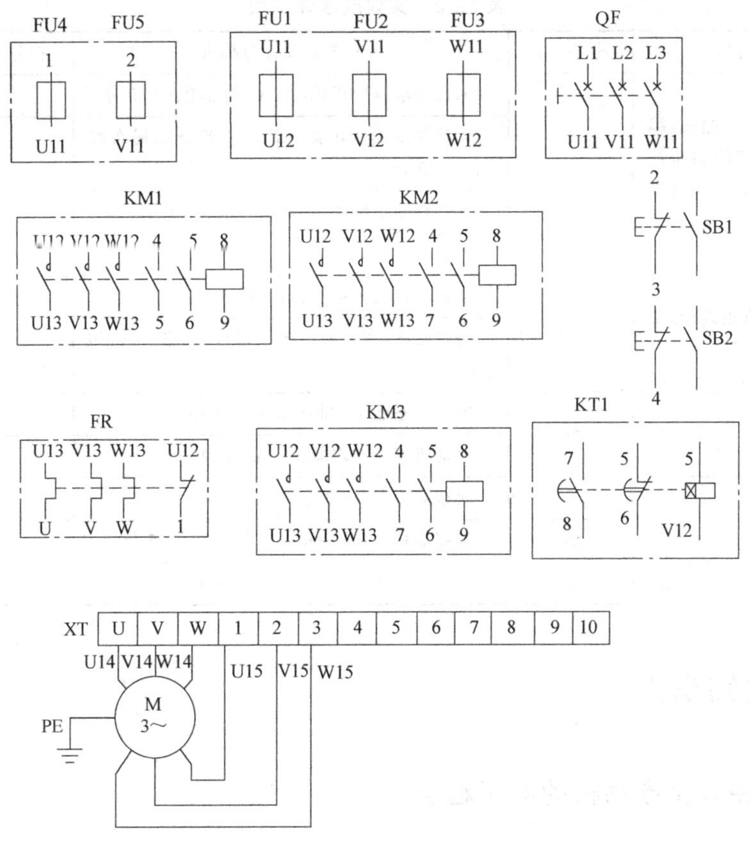

图 12-2　三相异步电动机Y-Δ起动控制电路布局布线图

7. 整理器材

实训完成后，整理好所用器材、工具，按照要求放置到规定位置。

12.4　考核要点

1. 工程电路图、器材明细表、工程布局布线图

检查是否按电路原理图设置画出正确的工程电路图、编制出器材明细表和绘制布局布线图；检查元器件是否正确使用且安装无误。

2. 安装敷设施工

检查电路是否按工程规范接线，是否与电路原理图、布局布线图吻合，是否做到安全、美观、规范。

3. 使用正确的检修方法检测故障并维修

如发生故障，应先切断电源，检查连线和压接是否有问题，再逐次排除故障。

4. 检查与验收

通电测试电动机能否实现Y-Δ减压运行。

5. 成绩评定

根据以上考核要点对学生进行成绩评定，见表 12-2，给出该项目实训成绩。

表 12-2 实训成绩评定表

实训项目内容	分值/分	考核要点及评分标准	扣分/分	得分/分
画出正确的工程电路图、编制出器材明细表和绘制布局布线图，元器件正确使用且安装无误	20	未按要求画出正确的工程电路图，扣 10 分		
		未按要求编制出器材清单和绘制布局布线图，扣 10 分		
		元器件未正确使用，每错 1 次，扣 5 分		
		元器件安装有误，每处扣 5 分		
线路按工程规范接线，与电路图、布局布线图吻合	20	未按工程规范接线，每处扣 5 分		
		与电路图、布局布线图不吻合，每错 1 次，扣 5 分		
检查与验收	50	电动机不能正常起动运转，扣 30 分		
		电动机不能实现减压起动，扣 20 分		
安全、规范操作	5	每违规 1 次，扣 2 分		
整理器材、工具	5	未将器材、工具等放到规定位置，扣 5 分		
学　时	4 学时	综合成绩		

12.5 相关知识点

12.5.1 三相异步电动机的减压起动

容量较小的电动机才允许采取直接起动，容量较大的三相异步电动机因起动电流较大，一般都采用减压起动方式来起动。减压起动是指利用起动设备将电压适当降低后加到电动机的定子绕组上进行起动，待电动机起动运转后，再使其电压恢复到额定值正常运转，由于电流随电压的降低而减小，所以减压起动达到了减小起动电流的目的。但同时，由于电动机转矩与电压的二次方成正比，所以减压起动也将导致电动机的起动转矩大大降低。因此，减压起动需要在空载或轻载下起动。常见的减压起动的方法有定子绕组串电阻（或电抗）减压起动、自耦变压器减压起动、星形-三角形减压起动和使用软起动器等。常用的方法是星形-三角形减压起动和使用软起动器。

1. 定子绕组串接电阻减压起动控制

定子绕组串接电阻减压起动的方法是指在电动机起动时，把电阻串接在电动机定子绕组与电源之间，通过电阻的分压作用，来降低定子绕组上的起动电压，待起动后，再将电阻短接，使电动机在额定电压下正常运行。这种减压起动的方法由于电阻上有热能损耗，如用电抗器则体积、成本又较大，因此该方法很少用。这种减压起动控制电路有手动控制、接触器控制和时间继电器控制等。

2. 定子串自耦变压器（TA）减压起动控制

自耦变压器减压起动是指电动机起动时利用自耦变压器来降低加在电动机定子绕组上的起动电压。待电动机起动后，再使电动机与自耦变压器脱离，从而在全压下正常运行。这种减压起动分为手动控制和自动控制两种。

接线：自耦变压器的高压边投入电网，低压边接至电动机，有几个不同电压比的分接头供选择。

特点：设自耦变压器的电压比为 K，一次电压为 U_1，二次电压 $U_2=U_1/K$，二次电流 I_2（即通过电动机定子绕组的线电流）也按正比减小。又因为变压器一、二次侧的电流关系 $I_1=I_2/K$，可见一次电流（即电源供给电动机的起动电流）比直接流过电动机定子绕组的要小，即此时电源供给电动机的起动电流为直接起动时 $1/K^2$ 倍。由于电压降低为 $1/K$ 倍，所以电动机的转矩也降为 $1/K^2$ 倍。

自耦变压器二次侧有 2~3 组抽头，如二次电压分别为一次电压的 80%、60%、40%。

自耦变压器减压起动的优点：可以按允许的起动电流和所需的起动转矩来选择自耦变压器的不同抽头实现减压起动，而且不论电动机的定子绕组采用Y或△联结都可以使用。缺点是：设备体积大，投资较贵。

3. 星形-三角形（Y-△）减压起动控制

星形-三角形减压起动是指电动机起动时，把定子绕组接成星形（Y），以降低起动电压，限制起动电流；待电动机起动后，再把定子绕组改接成三角形（△），使电动机全压运行。只有正常运行时定子绕组作三角形（△）联结的异步电动机才可采用这种减压起动方法。

电动机起动时，接成星形，加在每相定子绕组上的起动电压只有三角形联结直接起动时的 $\frac{1}{\sqrt{3}}$，起动电流为直接采用三角形联结时的 $\frac{1}{3}$，起动转矩也只有三角形联结直接起动时的 $\frac{1}{3}$。所以这种减压起动方法只适用于轻载或空载下起动。星形-三角形减压起动的最大优点是设备简单、价格低，因而获得较广泛的应用。缺点是只用于正常运行时为△联结的电动机，电压比固定，有时不能满足起动要求。

12.5.2　三相异步电动机Y-△减压起动控制电路的工作原理

三相异步电动机Y-△减压起动控制电路的原理图如图 12-1 所示，下面就Y-△减压控制工作原理进行分析。

Y-△起动方式，适用于正常工作时定子绕组接成三角形的电动机。在起动时先把定子绕组接成星形减压起动，待起动完毕后再接成三角形全压运行，这种减压起动方法的起动电流和起动转矩均只有全压起动时的 $\frac{1}{3}$，所以只能在轻载或空载状态下起动。三相异步电动机Y-△减压起动控制电路的工作过程如下：

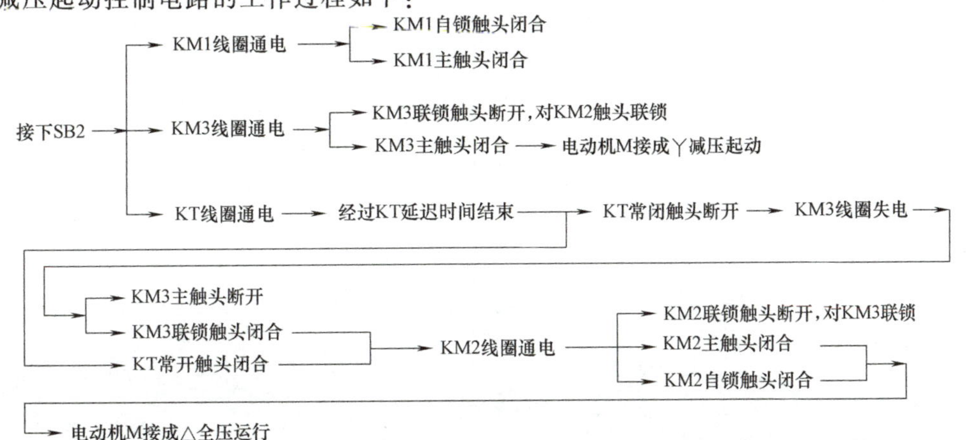

12.6 能力拓展

试分析和设计定子绕组串接电阻减压起动控制电路。

任务目标：设计一电路，要求能实现定子绕组串接电阻减压起动控制，绘制电路原理图，并编制器材明细表。

实训项目13 三相异步电动机自耦变压器减压起动

13.1 学习要点

1）掌握三相异步电动机手动控制自耦变压器减压起动控制电路的原理。

2）掌握三相异步电动机手动控制自耦变压器减压起动控制电路的安装与调试。

13.2 项目描述

通过对三相异步电动机手动控制自耦变压器减压起动控制电路的安装与调试实训，让学生掌握交流接触器和自耦变压器减压起动的工作原理，并具备正确安装交流接触器以实现自耦变压器减压起动控制的技能，同时进一步掌握规范布局、布线、安装、调试控制电路的技能。

13.3 项目实施

任务内容：绘制工程电路原理图；编制器材明细表；绘制工程布局布线图；完成三相异步电动机手动控制自耦变压器减压起动控制电路的安装。

1. 绘制工程电路原理图

三相异步电动机手动控制自耦变压器减压起动控制电路原理图如图 13-1 所示。

2. 编制器材明细表

该实训任务所需器材见表 13-1。

表 13-1　器材明细表

符　号	名　　称	型　　号	规　　格	数　量	备　注
QF	低压断路器	DZ108-20	脱扣器整定电流 1~1.6A	1只	
FU	螺旋式熔断器	RL1-15	配熔体 2A	5只	
KM	交流接触器	CJX4	线圈 AC380V	3只	
SB	按钮	LAY16	一常开、一常闭,自动复位	3个	SB1 和 SB2 绿色,SB3 红色
TC	自耦变压器	QZB-300kW		1个	

（续）

符　号	名　　称	型　　号	规　　格	数　量	备　注
M	三相笼型异步电动机	Y2-63M2-2	380V(Y)	1台	
FR	热继电器	NR2-25	整定电流 0.63~1A	1只	整定电流 0.67A
KA	中间继电器	ZHRA1-5	额定电流 1~5A		

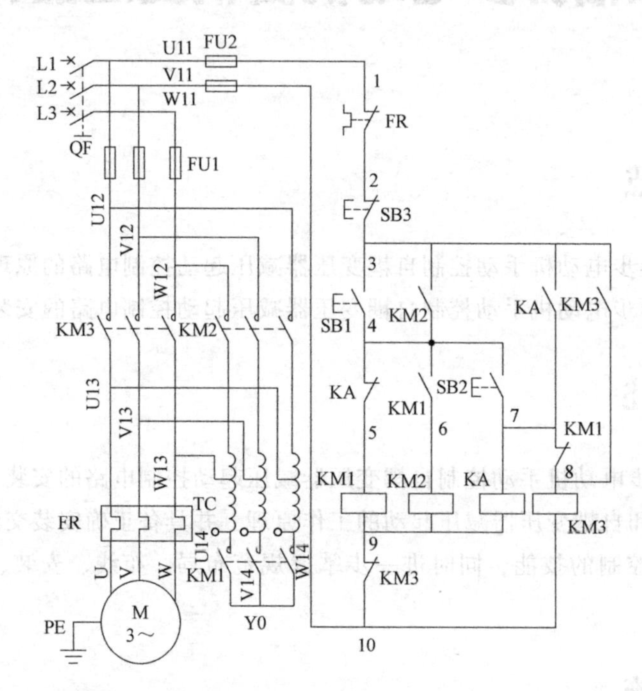

图 13-1　三相异步电动机手动控制自耦变压器减压起动控制电路原理图

3. 绘制工程布局布线图

图 13-2 为三相异步电动机手动控制自耦变压器减压起动控制布局布线图。

4. 器材质量检查与清点

1）用万用表电阻档检测低压断路器、螺旋式熔断器是否可正常使用，如发现损坏及时更换。

2）用万用表电阻档检查交流接触器能否正常使用，用万用表电阻档测试点动开关常开常闭触头。

3）用万用表电阻档检查热继电器、中间继电器能否正常使用。

4）用万用表检查自耦变压器相间是否绝缘。

5. 安装、敷设电路

1）根据图 13-2 在控制板上安装固定对应电气元器件。

2）在控制板上按布局布线图进行布线和导线套编码套管。

3）交流接触器主触头与辅助触头接线不要混淆。

4）控制开关常开触头常闭用万用表识别后对应安装。

5）检查安装电动机，注意电动机的连接方式。

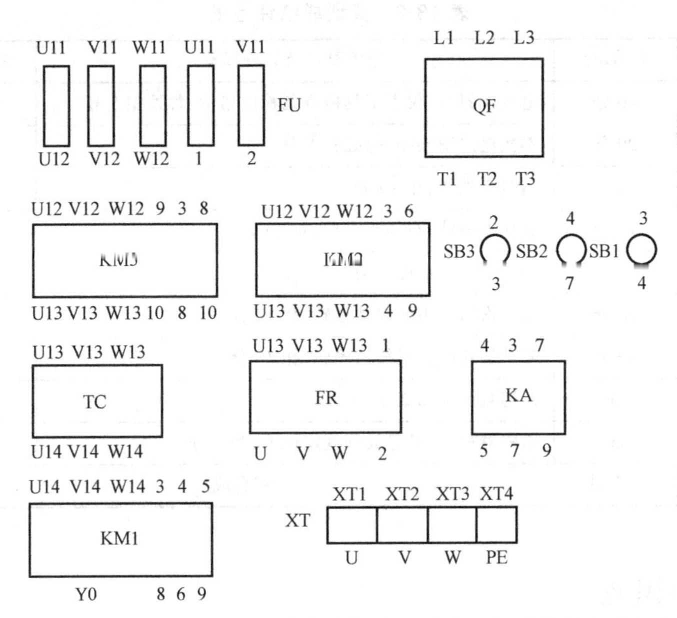

图 13-2　三相异步电动机手动控制自耦变压器减压起动控制布局布线图

6）控制电路连接完成后，进行检查。

6. 通电检查与验收

确认安装牢固且接线无误后，先接通三相总电源，再合上 QF 开关。按下起动按钮 SB1 时，电动机应低速平稳起动，当转速上升到额定转速后，按下按钮 SB2，自耦变压器被切断，电动机进入稳定运行状态。按下停止按钮 SB3，电路断电，电动机停止转动。若熔丝熔断（可看到熔芯顶盖弹出），则应分断电源，检查分析并排除故障后才可重新合上电源。

7. 整理器材

实训完成后，整理好所用器材、工具，按照要求放置到规定位置。

13.4　考核要点

1. 工程电路图、器材明细表、工程布局布线图

检查是否按电路原理图设置画出正确的工程电路原理图、编制出器材明细表和绘制布局布线图；检查元器件是否正确使用及安装无误。

2. 安装敷设施工

检查线路是否按工程规范接线，是否与电路原理图、布局布线图吻合，是否做到安全、美观、规范。

3. 检查与验收

通电测试电动机能否正常起动、运转和停转。

4. 成绩评定

根据以上考核要点对学生进行成绩评定，见表 13-2，给出该项目实训成绩。

表 13-2 实训成绩评定表

实训项目内容	分值/分	考核要点及评分标准	扣分/分	得分/分
装前检查	10分	电气元器件、仪表工具检查漏检或错检，每处扣5分		
布线	20分	不按电路图接线，每处扣5分		
	10分	漏接接地线，扣10分		
	10分	整体不整洁、布局不合理，扣10分		
通电测试	20分	第一次通电不能起动运转，扣20分		
	10分	第二次通电不能起动运转，扣10分		
	10分	起动运转后松开按钮停转，扣10分		
安全、规范操作	5	每违规1次扣2分		
整理器材、工具	5	未将器材、工具等放到规定位置，扣5分		
学　时	4学时	综合成绩		

13.5 相关知识点

自耦变压器二次绕组是一次绕组的一个组成部分，这样的变压器看起来仅有一个绕组，故也称“单绕组变压器”。由于自耦变压器的计算容量小于额定容量，所以在同样的额定容量下，自耦变压器的主要尺寸较小，效率较高。自耦变压器减压起动是指电动机起动时利用自耦变压器来降低加在电动机定子绕组上的起动电压，待电动机起动后，再使电动机与自耦变压器脱离，从而在全压下正常运行。自耦变压器减压起动电路不能频繁操作，如果起动不成功，第二次起动应间隔几分钟以上，连续两次起动后，应最少20min后再次起动运行，这是为了防止自耦变压器绕组内起动电流太大而发热损坏自耦变压器的绝缘。

三相异步电动机手动控制自耦变压器减压起动控制电路原理如图13-1所示，其工作过程是当合上QF，按下起动按钮SB1，交流接触器KM1线圈通电，KM1主触头闭合，KM1常开触头闭合，常闭触头断开，致使交流接触器KM2主触头闭合，KM2的常开触头闭合形成自锁，主电路因为KM1、KM2主触头闭合，电动机M接入自耦变压器TC并在其二次电压下做减压起动，此时KM1的常闭触头断开，与KM3形成互锁。当电动机转速上升到额定转速时，按下升压按钮SB2，中间继电器KA线圈通电，使KA的常闭触头断开，常开触头闭合，致使交流接触器KM1、KM2线圈失电，所有触头复原，在主电路中将自耦变压器TC切除，KM3线圈通电，其常开触头闭合形成自锁、主触头闭合，电动机M进入全压正常运行状态。

13.6 能力拓展

自耦变压器减压起动自动控制电路。

任务目标：设计一电路，要求能自动实现三相异步电动机自耦变压器减压起动控制，绘制电路原理图并编制器材明细表。

实训项目14

工作台自动往返控制

14.1 学习要点

1）掌握工作台自动往返控制的工作原理。

2）掌握工作台自动往返控制电路的安装与调试。

14.2 项目描述

通过工作台自动往返控制电路的安装与调试实训，让学生掌握自动往返的基本原理，具备根据不同需求对三相异步电动机控制电路安装与调试的技能。

14.3 项目实施

任务内容：绘制工程电路原理图，编制器材明细表，绘制工程布局布线图，完成工作台自动往返控制电路的安装与调试。

1. 绘制工程电路原理图

工作台自动往返控制的电路原理图如图14-1所示。

2. 编制器材明细表

该实训任务所需器材见表14-1。

表14-1 器件明细表

代号	名称	型号	规格	数量	备注
QF	低压断路器	DZ108-20	脱扣器整定电流1~1.6A	1	
FU	螺旋式熔断器	RL1-15	配熔体2A	3	
KM1、KM2	交流接触器	CJX4	线圈AC380V	2	
FR	热继电器	NR2-25	整定电流0.63~1.2A	1	
SB1、SB2、SB3	按钮	LAY16		3	
M	三相笼型异步电动机	Y2-63M2-2	380V(Y)	1	
SQ1、SQ2、SQ3、SQ4	限位开关	JW2A-11H		4	

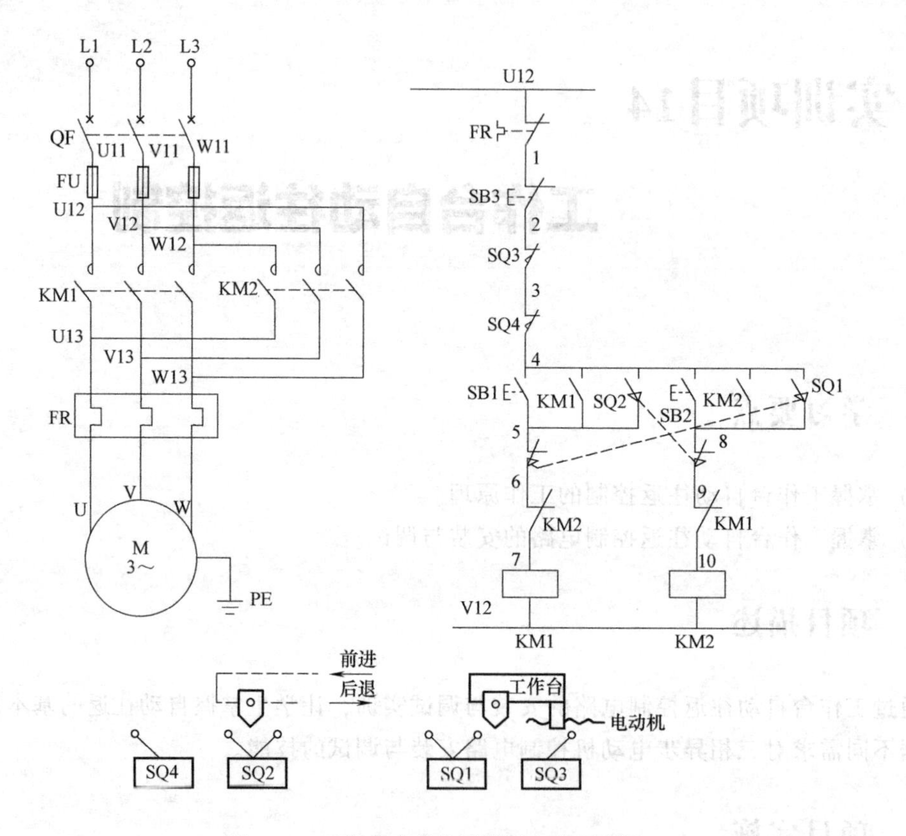

图 14-1 工作台自动往返控制电路原理图

3. 器材质量检查与清点

1）用万用表检测低压断路器、螺旋式熔断器、交流接触器、热继电器、按钮、限位开关可否正常使用。

2）观察三相笼型异步电动机是星形联结还是三角形联结。

3）检测电动机是否具备正常工作参数。

4. 绘制工程布局布线图

工作台自动往返控制电路的布局布线图如图 14-2 所示。

5. 安装、敷设电路

1）在控制板上安装电气元件，并贴上文字符号。

2）绘制接线图，检查无误后，在控制板上按接线图进行布线，在导线上套编码套管。

3）用绝缘电阻表测试各绕组之间、绕组与外壳之间的绝缘电阻。

4）检查安装电动机，注意电动机的连接方式。

5）控制电路连接完成后，进行自检。

6. 通电检查与验收

合上 QF，按 SB1 工作台向右移动至挡块碰 SQ1，工作台停止；再向左移动至挡块碰 SQ2，工作台停止后，再向右移动，重复往返进行。

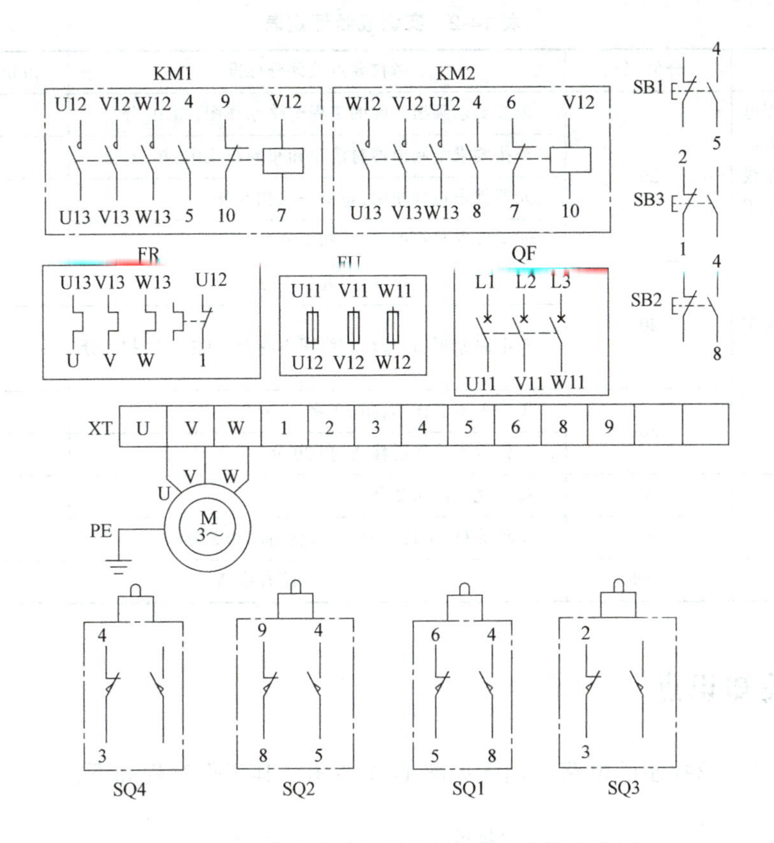

图 14-2　工作台自动往返控制电路的布局布线图

7. 整理器材

实训完成后，整理好所用器材、工具，按照要求放置到规定位置。

14.4　考核要点

1. 工程电路原理图、器材明细表、工程布局布线图

检查是否按电路原理图设置画出正确的工程电路原理图；编制出器材明细表和绘制布局布线图；检查元器件是否正确使用且安装无误。

2. 安装敷设施工

检查线路是否按工程规范接线，是否与电路原理图、布局布线图吻合，是否做到安全、美观、规范。

3. 使用正确的检修方法检测故障并维修

如发生故障，应先切断电源，检查连线和焊接是否有问题，再逐次排除故障。

4. 检查与验收

通电测试工作台是否能自动往返移动。

5. 成绩评定

根据以上考核要点对学生进行成绩评定，参见表 14-2，给出该项目实训成绩。

表 14-2　实训成绩评定表

实训项目内容	分值/分	考核要点及评分标准	扣分/分	得分/分
画出正确的工程电路原理图、绘制出器材明细表和布局布线图,元器件正确使用且安装无误	20	未按要求画出正确的工程电路原理图,扣 10 分		
		未按要求绘制出器材清单和布局布线图,扣 10 分		
		元器件未正确使用,每错一次扣 5 分		
		元器件安装有误,每处扣 5 分		
线路按工程规范接线,与电路图、布局布线图吻合	20	未按工程规范接线,每处扣 5 分		
		与电路原理图、布局布线图不吻合,每错一次扣 5 分		
检查与验收	50	工作台不能移动,扣 30 分		
		工作台不能往返移动,扣 20 分		
安全、规范操作	5	每违规一次扣 2 分		
整理器材、工具	5	未将器材、工具等放到规定位置,扣 5 分		
学　时	4 学时	综合成绩		

14.5　相关知识点

工作台自动往返控制的电路原理图如图 14-1 所示，其工作过程如下：

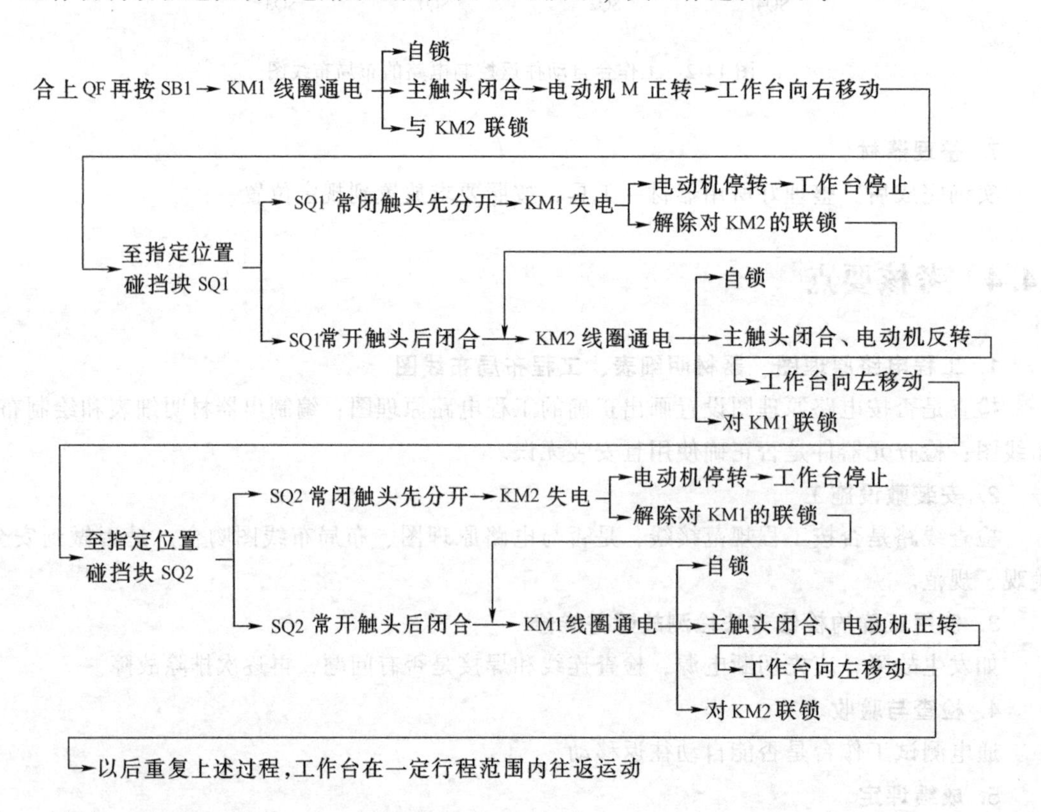

若合上 QF 先按 SB2 时，则工作过程与上刚好相反，即先向左再向右。

14.6 能力拓展

往返控制电路检修的流程设计。

任务目标：针对可能产生的故障，设计编制往返控制电路检修的流程，画出流程图。

实训项目15

Z3050型摇臂钻床的电气控制与故障检修

15.1 学习要点

1）掌握 Z3050 型摇臂钻床模拟板的操作方法。

2）掌握 Z3050 型摇臂钻床模拟板电气控制电路的原理分析。

3）会发现故障，划分故障范围，维修故障，圈定故障点。

15.2 项目描述

通过 Z3050 型摇臂钻床模拟板的电气检测与维修实训，让学生具备检测钻床电气设备及线路故障的技能。

15.3 项目实施

任务内容：在 Z3050 型摇臂钻床的控制电路与主电路中人为地设置电气故障多处，让学生独立进行检测与维修，图 15-1 为 Z3050 型摇臂钻床的控制电路原理图。

1）用通电法来观察故障现象。主要观察电动机的运转情况、接触器的动作情况和电路的工作情况，如发现有异常情况，应马上断电检查。

2）用逻辑分析法缩小故障范围，并在电路图上用虚线标出故障部位的最小范围。

3）用分段测量法正确、迅速地找出故障点。

4）根据故障点的不同情况，采取正确的修复方法，排除故障。

5）排除故障后通电试验。

6）整理器材。实训完成后，整理好所用器材、工具，按照要求放置到规定位置。

15.4 考核要点

1. 调查研究

对每个故障现象进行调查研究。

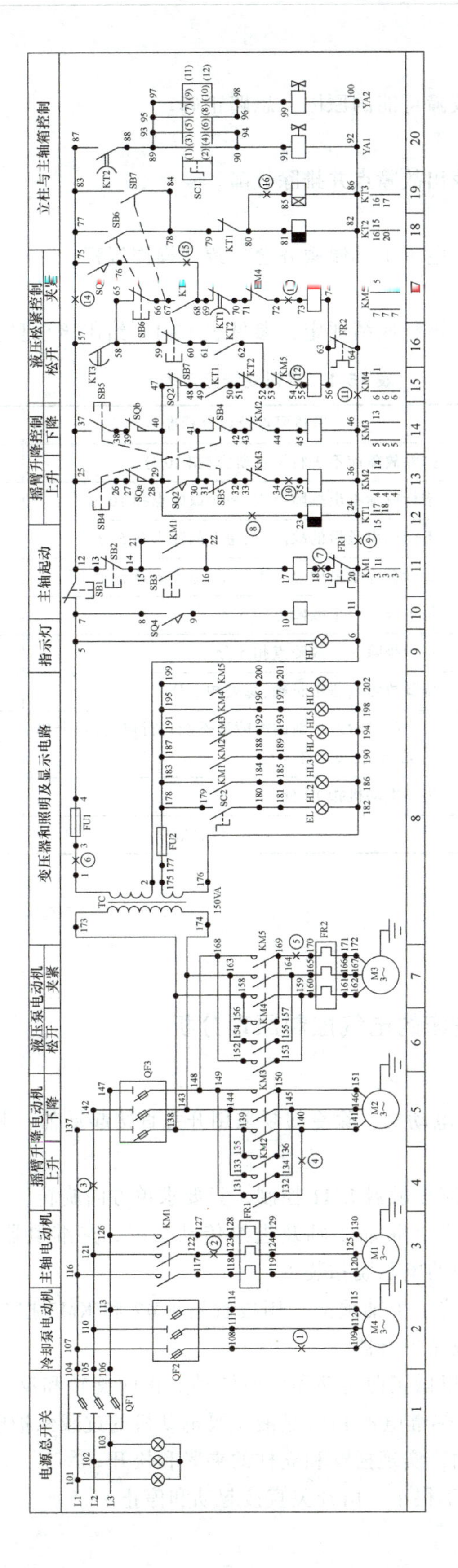

图 15-1　Z3050 型摇臂钻床的控制电路原理图

2. 故障分析

在电气控制电路上分析故障可能的原因，思路正确。

3. 故障排除

正确使用工具和仪器，找出故障点并排除故障。

4. 安全文明

劳动保护用品穿戴整齐，电工工具佩戴齐全，遵守操作规程。

5. 成绩评定

根据以上考核要点对学生进行成绩评定，参见表 15-1，给出该项目实训成绩。

表 15-1 实训成绩评定表

实训项目内容	分值/分	考核要点及评分标准	扣分/分	得分/分
调查研究	10	排除故障前不进行调查研究，扣 10 分		
故障分析	30	错标或标不出故障范围，每个故障点扣 10 分		
		不能标出最后的故障点，每个故障点扣 5 分		
故障排除	50	实际排除故障中思路不清晰，每个故障点扣 5 分		
		每少查出一个故障点扣 5 分		
		每少排除一个故障点扣 5 分		
		排除故障方法不正确，每处扣 3 分		
其　他	10	排除故障时产生新的故障后不能自行修复，每个扣 5 分，若修复，每个扣 4 分		
		损坏电动机扣 10 分		
学　时	4 学时	综合成绩		

15.5 相关知识点

15.5.1 Z3050 型摇臂钻床的电气控制原理分析

1. 主电路分析

Z3050 型摇臂钻床有 4 台电动机，除冷却泵采用开关直接起动外，其余 3 台异步电动机均采用接触器起动。

M1 是主轴电动机，由交流接触器 KM1 控制，只要求单方向旋转，主轴的正反转由机械手柄操作，M1 装在主轴箱顶部，带动主轴及进给传动系统，热继电器 FR1 是过载保护电器，短路保护是总电源开关中的电磁脱扣装置。

M2 是摇臂升降电动机，装于主轴顶部，用接触器 KM2 和 KM3 控制正反转。因为该电动机短时间工作，故不设过载保护电器。

M3 是液压泵电动机，可以做正向转动和反向转动。正向旋转和反向旋转的起动与停止由接触器 KM4 和 KM5 控制。热继电器 FR2 是液压泵电动机的过载保护电器。该电动机的主要作用是供给夹紧装置压力油，实现摇臂和立柱的夹紧和松开。

M4 是冷却泵电动机，功率很小，由开关直接起动和停止。

2. 控制电路分析

（1）开车前的准备工作

合上 QF1，电源指示灯 HL1 亮，表示机床的电气线路已进入带电状态。

（2）主轴电动机 M1 的控制

按起动按钮 SB3，接触器 KM1 吸合并自锁，主电动机 M1 起动运行。按停止按钮 SB2，接触器 KM1 释放，主轴电动机 M1 停止旋转。

（3）摇臂升降控制

1）摇臂上升

按上升按钮 SB4，时间继电器 KT1 通电吸合，瞬时闭合的常开触头（15 区）闭合，接触器 KM4 线圈通电，液压泵电动机 M3 起动正向旋转，供给压力油，压力油经分配阀进入摇臂的“松开油腔”，推动活塞移动，活塞推动菱形块，将摇臂松开。同时活塞杆通过弹簧片位置开关 SQ2，使其常闭触头断开，常开触头闭合。前者切断了接触器 KM4 的线圈电路，KM4 主触头断开，液压泵电动机停止工作，后者使交流接触器 KM2 的线圈通电，主触头接通 M2 的电源，摇臂升降电动机起动正向旋转，带动摇臂上升，如果此时摇臂未松开，则位置开关 SQ2 常开触头不闭合，接触器 KM2 就不能吸合，摇臂就不能上升。

当摇臂上升到所需位置时，松开按钮 SB4 则接触器 KM2 和时间继电器 KT1 同时断电释放，M2 停止工作，随之摇臂停止上升。

由于时间继电器 KT1 断电释放，经 1～3s 延时后，其延时闭合的常闭触头（17 区）闭合，使接触器 KM5 吸合，液压泵电动机 M3 反向旋转，随之泵内压力油经分配阀进入摇臂的“夹紧油腔”，摇臂夹紧。在摇臂夹紧的同时，活塞杆通过弹簧片使位置开关 SQ3 的常闭触头断开，KM5 断电释放，最终停止 M3 工作，完成了摇臂的松开上升、夹紧的整套动作。

2）摇臂下降

按下降按钮 SB5，时间继电器 KT1 通电吸合，其常开触头闭合，接通 KM4 的线圈电源，液压泵电动机 M3 起动正向旋转，供给压力油。与前面叙述的过程相似，先使摇臂松开，接着压着位置开关 SQ2，其常闭触头断开，使 KM4 断电释放，液压泵电动机停止工作；其常开触头闭合，使 KM3 线圈通电，摇臂升降电动机 M2 反向运行，带动摇臂下降。

当摇臂下降到所需位置时，松开按钮 SB5，接触器 KM3 和时间继电器 KT1 同时断电释放，M2 停止工作，摇臂停止下降。

由于时间继电器 KT1 断电释放，经 1～3s 的延时后，其延时闭合的常闭触头闭合，KM5 线圈获电，液压泵电动机 M3 反向旋转，随之摇臂夹紧。在摇臂夹紧的同时，活塞杆通过弹簧片使位置开头 SQ3 的常闭触头断开，KM5 断电释放，最终停止 M3 工作，完成了摇臂的松开、下降、夹紧的整套动作。

位置开关 SQa 和 SQb 用来限制摇臂的升降超程。当摇臂上升到极限位置时，SQa 动作，接触器 KM2 断电释放，M2 停止运行，摇臂停止上升；当摇臂下降到极限位置时，SQb 动作，接触器 KM3 断电释放，M2 停止旋转，摇臂停止下降。摇臂的自动夹紧由位置开关 SQ3 控制。

（4）立柱和主轴箱的夹紧与松开控制

① 立柱和主轴箱的松开（或夹紧）既可以同时进行，也可以单独进行，由转换开关

SC1 和按钮 SB6（或 SB7）进行控制。SC1 有 3 个位置，扳到中间位置时，立柱和主轴箱的松开（或夹紧）同时进行；扳到左边位置时，立柱夹紧（或放松）；扳到右边位置时，主轴箱夹紧（或松开）。按钮 SB6 是松开控制按钮，SB7 是夹紧控制按钮。

立柱和主轴箱同时松、夹时将转换开关 SC1 扳到中间位置，然后按松开按钮 SB6，时间继电器 KT2、KT3 同时得电。KT2 的延时断开的常开触头闭合，电磁铁 YA1、YA2 得电吸合。而 KT3 的延时闭合的常开触头经 1~3s 后才闭合，随后，KM4 闭合，液压泵电动机 M3 正转，供出的压力油进入立柱和主轴箱松开油腔，使立柱和主轴箱同时松开。

立柱和主轴箱同时夹紧的工作原理与松开相似，只要把 SB6 换成 SB7，接触器 KM4 换成 KM5，M3 由正转换成反转即可。

② 立柱和主轴箱单独松、夹。如希望单独控制主轴箱，可将转换开关 SC1 扳到右侧位置，按下松开按钮 SB6（或夹紧按钮 SB7），此时时间继电器 KT2 和 KT3 的线圈同时得电，电磁铁 YA2 单独通电吸合，即可实现主轴箱的单独松开（或夹紧）。

松开按钮开关 SB6（或 SB7），时间继电器 KT2 和 KT3 的线圈断电释放，KT3 的通电延时闭合的常开触头瞬时断开，接触器 KM4（或 KM5）的线圈断电释放，液压泵电动机停转。经 1~3s 的延时，电磁铁 YA2 的线圈断电释放，主轴箱松开（或夹紧）的操作结束。

同理，把转换开关扳到左侧，则可使立柱单独松开或夹紧。

15.5.2 Z3050 型摇臂钻床的电气控制电路故障的检修步骤和方法

1. Z3050 型摇臂钻床的电气控制电路的故障现象

图 15-1 标出了 16 处故障点，各故障点对应的故障现象如下：

1）108-109 间断路：M4 起动后断一相。

2）122-123 间断路：M1 起动后断一相。

3）121-142 间断路：除冷却泵电动机可正常运转外，其余电动机及控制回路均失效。

4）132-140 间断路：摇臂上升时电动机断一相。

5）169-170 间断路：M3 液压松紧电动机断一相。

6）001-003 间断路：除照明灯外，其他控制全部失效。

7）018-019 间断路：QF1 不能吸合。

8）023-029 间断路：按摇臂上升时液压构开无效，且 KT1 线圈不得电。

9）020-024 间断路：摇臂升降控制，液压松紧控制，立柱与主轴箱控制失效。

10）034-035 间断路：液压松开正常，摇臂上升失效。

11）046-064 间断路：摇臂下降控制、液压松紧控制、立柱与主轴箱控制失效，KT1 线圈能得电。

12）054-055 间断路：摇臂液压松开失效；立柱和主轴箱的松开也失效。

13）072-073 间断路：液压夹紧控制失效。

14）057-075 间断路：摇臂升降操作后，液压夹紧失效、立柱与主轴箱控制失效。

15）068-076 间断路：摇臂升降操作后，液压自动夹紧失效。

16）080-085 间断路：立柱和主轴箱的液压松开和夹紧操作均失效。

2. 发现故障，划分故障范围

1）操作 Z3050 型摇臂钻床模拟板，发现故障。

2）操作Z3050型摇臂钻床模拟板，边操作边观察，与正确现象相对照，若不符，则说明Z3050型摇臂钻床模拟板有故障，记录该故障现象。根据故障现象，分析电路原理图，查找出现故障的原因，划分故障范围。

① 主电路故障

现象多为断相，或全部不能正常操作等。

② 控制电路故障

现象多为部分不能正常操作，接触器线圈不能得电，或者不能自锁，或者模拟电磁铁的灯泡不亮等。划分故障范围时，不能划分过大或者过小。应尽量在全部操作结束后，分析电路原理图，然后划分。切忌操作发现一个故障现象后就随手圈定故障范围。

3. 维修故障，圈定故障点

（1）欧姆法

操作Z3050型摇臂钻床模拟板，观察故障现象，根据原理，判断和划分故障范围之后，将Z3050型摇臂钻床模拟板断电，万用表调档至100或1k欧姆档，调零，检查故障范围内各元器件的好坏及各连接点的通断，直至找出故障点。

例如：若KM3触头（10-11）出现故障，检查时，由于（10-9-12-13-11）形成了通路，很容易造成误判，但只要检查时操作SB4或SB3按钮，则可避免误判。

（2）电压（位）法

操作模拟板，观察故障现象，根据原理，判断和划分故障范围，用万用表电压档在Z3050型摇臂钻床模拟板通电的情况下，检查故障范围内各点对零线的电位或两点之间的电压，直至找出故障点。

（3）圈定故障点

发现故障后，进行维修，然后操作模拟板，检查该故障是否已排除。若还不正常，则需要继续维修；若已正常，则在电气原理图上圈定故障点。所圈定的故障点一定要准确。

15.6 能力拓展

平面磨床控制电路的分析。

任务目标：了解平面磨床基本概况及主轴部分的电气控制原理，能对控制电路进行分析，完整叙述电气控制过程。

实训项目16 X62W型铣床的电气控制与故障检修

16.1 学习要点

1）掌握 X62W 型铣床模拟板的操作方法。
2）掌握 X62W 型铣床电气控制电路的原理分析。
3）会发现故障，划分故障范围，维修故障，圈定故障点。

16.2 项目描述

通过 X62W 型铣床的电气检测与维修实训，让学生具备检测铣床电气设备及电路故障的技能。

16.3 项目实施

任务内容：在 X62W 型铣床的控制电路与主电路中人为地设置电气故障多处，让学生独立进行检测与维修，图 16-1 为 X62W 型铣床的电气控制电路图。

1）用通电法来观察故障现象。主要观察电动机的运转情况、接触器的动作情况和电路的工作情况，如发现有异常情况，应马上断电检查。

2）用逻辑分析法缩小故障范围，并在电路图上用虚线标出故障部位的最小范围。

3）用分段测量法正确、迅速地找出故障点。

4）根据故障点的不同情况，采取正确的修复方法，排除故障。

5）排除故障后通电试验。

6）整理器材。实训完成后，整理好所用器材、工具，按照要求放置到规定位置。

16.4 考核要点

1. 调查研究

对每个故障现象进行调查研究。

2. 故障分析

在电气控制电路上分析故障可能的原因，思路正确。

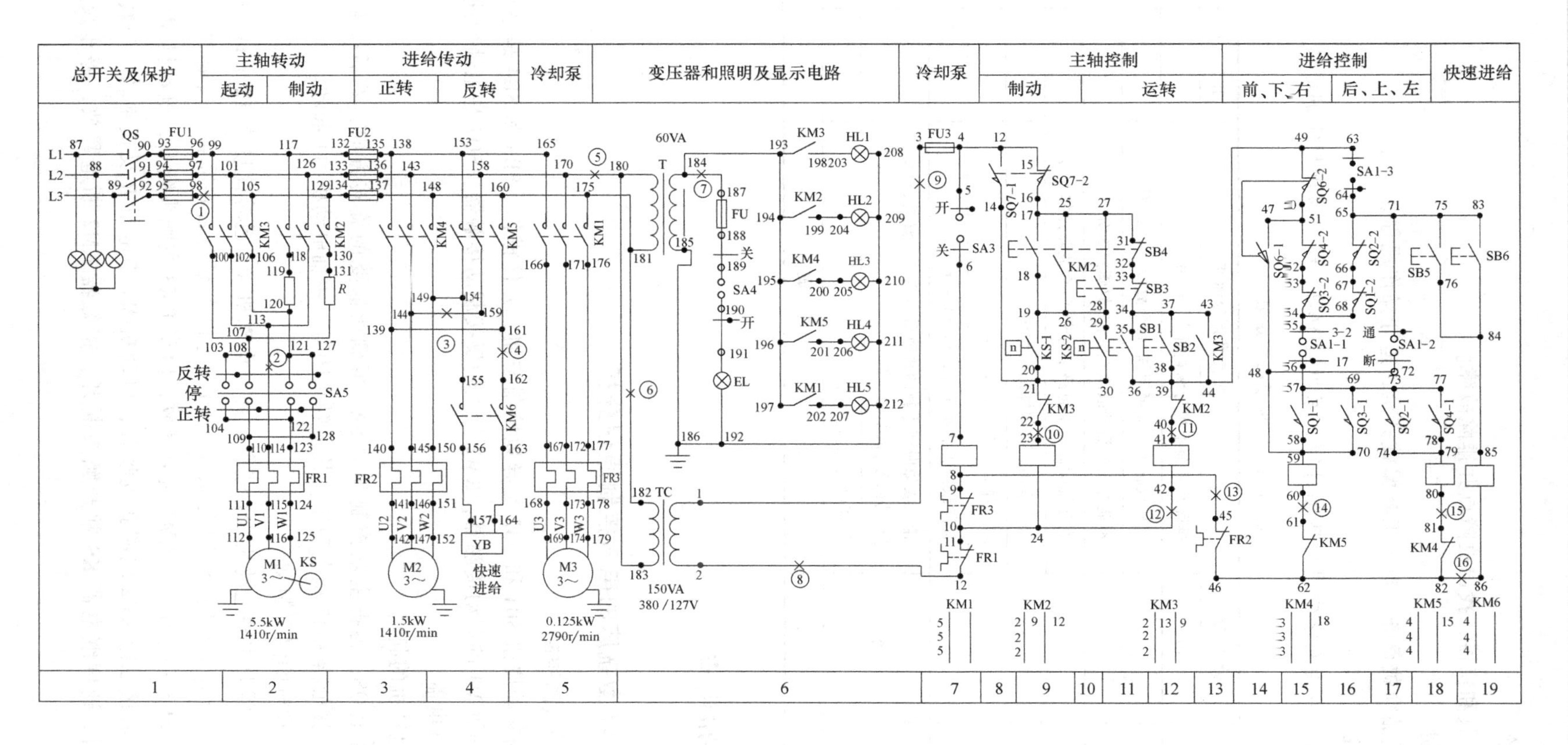

图 16-1　X62W 型铣床电气控制电路图

3. 故障排除

正确使用工具和仪器，找出故障点并排除故障。

4. 安全文明

劳动保护用品穿戴整齐，电工工具佩戴齐全，遵守操作规程。

5. 成绩评定

根据以上考核要点对学生进行成绩评定，参见表16-1，给出该项目实训成绩。

表16-1 实训成绩评定表

实训项目内容	分值/分	考核要点及评分标准	扣分/分	得分/分
调查研究	10	排除故障前不进行调查研究，扣10分		
故障分析	30	错标或标不出故障范围，每个故障点扣10分		
		不能标出最后的故障点，每个故障点5分		
故障排除	50	实际排除故障中思路不清晰，每个故障点扣5分		
		每少查出一个故障点扣5分		
		每少排除一个故障点扣5分		
		排除故障方法不正确，每处扣3分		
其　他	10	排除故障时产生新的故障后不能自行修复，每个扣5分，若修复，每个扣4分		
		损坏电动机扣10分		
学　时	4学时	综合成绩		

16.5 相关知识点

16.5.1 X62W型铣床的电气控制原理分析

1. 主轴电动机的控制

控制电路的起动按钮SB1和SB2是异地控制按钮，方便操作。SB3和SB4是停止按钮。KM3是主轴电动机M1的起动接触器，KM2是主轴反接制动接触器，SQ7是主轴变速冲动开关，KS是速度继电器。

(1) 主轴电动机的起动

起动前先合上QS，再把主轴控制开关SA5扳到所需要的旋转方向，然后按起动按钮SB1（或SB2），接触器KM3获电动作，其主触头闭合，主轴电动机M1起动。

(2) 主轴电动机的停车制动

当铣削完毕，需要主轴电动机M1停车，此时电动机M1运转速度在120r/min以上时，速度继电器KS的常开触头闭合（9区或10区），为停车制动做好准备。当要M1停车时，就按下停止按钮SB3（或SB4），KM3断电释放，由于KM3主触头断开，电动机M1断电做惯性运转，紧接着接触器KM2线圈获电吸合，电动机M1串电阻R反接制动。当转速降至120r/min以下时，速度继电器KS常开触头断开，接触器KM2断电释放，停车反接制动结束。

（3）主轴的冲动控制

当需要主轴冲动时，按下冲动开关SQ7，SQ7的常闭触头SQ7-2先断开，而后常开触头SQ7-1闭合，使接触器KM2通电吸合，电动机M1起动，松开开关机床模拟冲动完成。

2. 工作台进给电动机控制

控制开关SA1是控制圆工作台的，在不需要圆工作台运动时，控制开关扳到“断开”位置，此时SA1-1闭合，SA1-2断开，SA1-3闭合；当需要圆工作台运动时将控制开关扳到“接通”位置，则SA1-1断开，SA1-2闭合，SA1-3断开。

（1）工作台纵向进给

工作台的左右（纵向）运动是由“工作台纵向操作手柄”来控制。手柄有3个位置：向左、向右、零位（停止）。当手柄扳到向左或向右位置时，手柄有两个功能，一是压下位置开关SQ1或SQ2，二是通过机械机构将电动机的传动链拨向工作台下面的丝杆上，使电动机的动力唯一地传到该丝杆上，工作台在丝杆带动下做左右进给。在工作台两端各设置一块挡铁，当工作台纵向运动到极限位置时，挡铁撞到纵向操作手柄，使它回到中间位置，工作台停止运动，从而实现纵向运动的终端保护。

1）工作台向右运动

主轴电动机M1起动后，将操纵手柄向右扳，其联动机构压动位置开关SQ1，常开触头SQ1-1闭合，常闭触头SQ1-2断开，接触器KM4通电吸合，电动机M2正转起动，带动工作台向右进给。

2）工作台向左进给

控制过程与向右进给相似，只是将纵向操作手柄扳向左，这时位置开关SQ2被压动，SQ2-1闭合，SQ2-2断开，接触器KM5通电吸合，电动机反转，工作台向左进给。

（2）工作台升降和横向（前后）进给

操纵工作台上下和前后运动是用同一手柄完成的。该手柄有5个位置，即上、下、前、后和中间位置。当手柄扳向上或向下时，机械手上接通了垂直进给离合器；当手柄扳向前或扳向后时，机械手上接通了横向进给离合器；手柄在中间位置时，横向和垂直进给离合器均不接通。

在手柄扳到向下或向前位置时，手柄通过机械联动机构使位置开关SQ3被压动，接触器KM4通电吸合，电动机正转；在手柄扳到向上或向后时，位置开关SQ4被压动，接触器KM5通电吸合，电动机反转。

此5个位置是联锁的，各方向的进给不能同时接通，所以不可能出现传动紊乱的现象。

1）工作台向上（下）运动

在主轴电动机起动后，将纵向操作手柄扳到中间位置，把横向和升降操作手柄扳到向上（下）位置，联动机构一方面接通垂直传动丝杆的离合器，另一方面它使位置开关SQ4（SQ3）动作，KM5（KM4）获电，电动机M2反（正）转，工作台向上（下）运动。将手柄扳回中间位置，工作台停止运动。

2）工作台向前（后）运动

将手柄扳到向前（后）位置，机械装置将横向传动丝杆的离合器接通，同时压动位置开关SQ3（SQ4），KM4（KM5）获电，电动机M2正（反）转，工作台向前（后）运动。

3. 联锁问题

真实机床在上下前后4个方向进给时，又操作纵向控制这2个方向的进给，将造成机床重大事故，所以必须联锁保护。当上下前后4个方向进给时，若操作纵向任一方向，SQ1-2或SQ2-2两个开关中的一个被压开，接触器KM4（KM5）立刻失电，电动机M2停转，从而得到保护。

同理，当纵向操作时又操作某一方向而选择了向左或向右进给时，SQ1或SQ2被压着，它们的常闭触头SQ1-2或SQ2-2是断开的，接触器KM4或KM5都由SQ3-2和SQ4-2接通。若发生误操作，而选择上、下、前、后某一方向的进给，就一定使SQ3-2或SQ4-2断开，使KM4或KM5断电释放，电动机M2停止运转，避免了机床事故。

（1）进给冲动

机床为使齿轮进入良好的啮合状态，将变速盘向里推。在推进时，挡块压动位置开关SQ6，首先使常闭触头SQ6-2断开，然后常开触头SQ6-1闭合，接触器KM4通电吸合，电动机M2起动。但它并未转起来，位置开关SQ6已复位，首先断开SQ6-1，而后闭合SQ6-2。接触器KM4失电，电动机失电停转。这样一来，使电动机接通一下电源，齿轮系统产生一次抖动，使齿轮啮合顺利进行。要冲动时按下冲动开关SQ6，模拟冲动。

（2）工作台的快速移动

在工作台向某个方向运动时，按下按钮SB5或SB6（两地控制），接触器闭合KM6通电吸合，它的常开触头（4区）闭合，电磁铁YB通电（指示灯亮）模拟快速进给。

（3）圆工作台的控制

把圆工作台控制开关SA1扳到“接通”位置，此时SA1-1断开，SA1-2接通，SA1-3断开，主轴电动机起动后，圆工作台即开始工作，其控制电路是：电源—SQ4-2—SQ3-2—SQ1-2—SQ2-2—SA1-2—KM4线圈—电源。接触器KM4通电吸合，电动机M2运转。

铣床为了扩大机床的加工能力，可在机床上安装附件圆工作台，这样可以进行圆弧或凸轮的铣削加工。拖动时，所有进给系统均停止工作，只让圆工作台绕轴心回转。该电动机带动一根专用轴，使圆工作台绕轴心回转，铣刀铣出圆弧。在圆工作台开动时，其余进给一律不准运动，若有误操作动了某个方向的进给，则必然会使开关SQ1~SQ4中的某一个常闭触头断开，使电动机停转，从而避免了机床事故的发生。按下主轴停止按钮SB3或SB4，主轴停转，圆工作台也停转。

4. 冷却照明控制

要起动冷却泵时扳开关SA3，接触器KM1通电吸合，电动机M3运转，冷却泵起动。机床照明是由变压器T供给36V电压，工作灯由SA4控制。

16.5.2 X62W型铣床电气控制电路故障的检修步骤和方法

在进行X62W型铣床维修练习过程中，要求能发现故障，划分故障范围；维修故障，圈定故障点。

1. X62W型铣床电气控制电路的故障现象

图16-1中标出了16处故障点，各故障点对应的故障现象如下：

1）098-105间断路：主轴电动机正、反转均断一相，进给电动机、冷却泵断一相，控制变压器及照明变压器均没电。

2）113-114 间断路：主轴电动机无论正反转均断一相。

3）144-159 间断路：进给电动机反转断一相。

4）161-162 间断路：快速进给电磁铁不能动作。

5）170-180 间断路：照明及控制变压器没电，照明灯不亮，控制回路失效。

6）181-182 间断路：控制变压器断一相，控制回路失效。

7）184-187 间断路：照明灯不亮。

8）002-012 间断路：控制回路失效。

9）001-003 间断路：控制回路失效。

10）022-023 间断路：主轴制动、冲动失效。

11）040-041 间断路：主轴不能起动。

12）024-042 间断路：主轴不能起动。

13）008-045 间断路：工作台进给控制失效。

14）060-061 间断路：工作台向下、向右、向前进给控制失效。

15）080-081 间断路：工作台向后、向上、向左进给控制失效。

16）082-086 间断路：两处快速进给全部失效。

下面我们以 2 号故障点为例，来看看 X62W 型铣床的检修。

操作 X62W 型铣床，M1、M2、M3 都工作，但 M1 正反转噪声都很大，这说明 M1 断相。这是我们观察到的故障现象。

操作完成后，分析电路原理，由于仅有 M1 断相，因此，故障就圈定在 M1 电动机的主电路，即 FU1 的出线与电动机进线之间。

用欧姆法查找此故障点的方法为：

将机床断电。选择万用表的 R×100 档，调零。用分段法分别测量 FU1 的出线和与电动机进线之间所有连接点。检查一定要仔细。

若电路无故障，则测量阻值为零，若在测量过程中，测量到某一个电阻值为无穷大时，则该点或该元件即为故障点。

用电压法同样可查找此故障点。

2. X62W 型铣床模拟板控制电路故障维修练习

在进行故障维修练习时，要求从易到难，按正确操作和维修步骤进行练习。

模拟故障练习范围：除 0 号线、零线外所有的接线线头处；所有电气元器件的接线线头、触头、触片；熔断器的熔芯开关的熔丝等。

模拟故障方法：线头包裹绝缘胶；元件螺钉旋松造成接触不良；取下熔芯、触片等部件；将好元件更换为坏元件等。

故障维修练习要求：发现故障，划分故障范围；维修故障，圈定故障点。

1）主电路故障维修练习

设置 1 个主电路故障。操作发现故障，维修故障。

2）控制电路故障练习

设置 1 个控制电路故障。操作发现故障，维修故障。

3）综合练习

设置 1~3 个故障；操作发现故障，维修故障。

16.6 能力拓展

电动葫芦控制电路的分析。

任务目标：了解电动葫芦基本概况及主轴部分的电气控制原理，能对控制电路进行分析，完整叙述电气控制过程。

实训项目17

T68型镗床的电气控制与故障检修

17.1 学习要点

1）掌握 T68 型镗床模拟板的操作方法。

2）掌握 T68 型镗床模拟板电气控制电路的原理分析。

3）会发现故障，划分故障范围，维修故障，圈定故障点。

17.2 项目描述

1）通过 T68 型镗床模拟板的电气控制电路的安装实训，让学生掌握镗床电气控制的基本原理，具备根据不同需求进行电气控制电路安装与调试的技能。

2）通过 T68 型镗床模拟板的电气检测与维修实训，让学生具备检测镗床电气设备及电路故障的技能。

17.3 项目实施

任务内容：在 T68 型镗床的控制电路与主电路中人为地设置电气故障多处，让学生独立进行检测与维修，图 17-1 为 T68 型镗床的电气控制电路电路图。

1）用通电法来观察故障现象。主要观察电动机的运转情况、接触器的动作情况和电路的工作情况，如发现有异常情况，应马上断电检查。

2）用逻辑分析法缩小故障范围，并在电路图上用虚线标出故障部位的最小范围。

3）用分段测量法正确、迅速地找出故障点。

4）根据故障点的不同情况，采取正确的修复方法，排除故障。

5）排除故障后通电试验。

6）整理器材。实训完成后，整理好所用器材、工具，按照要求放置到规定位置。

17.4 考核要点

1. 调查研究

对每个故障现象进行调查研究。

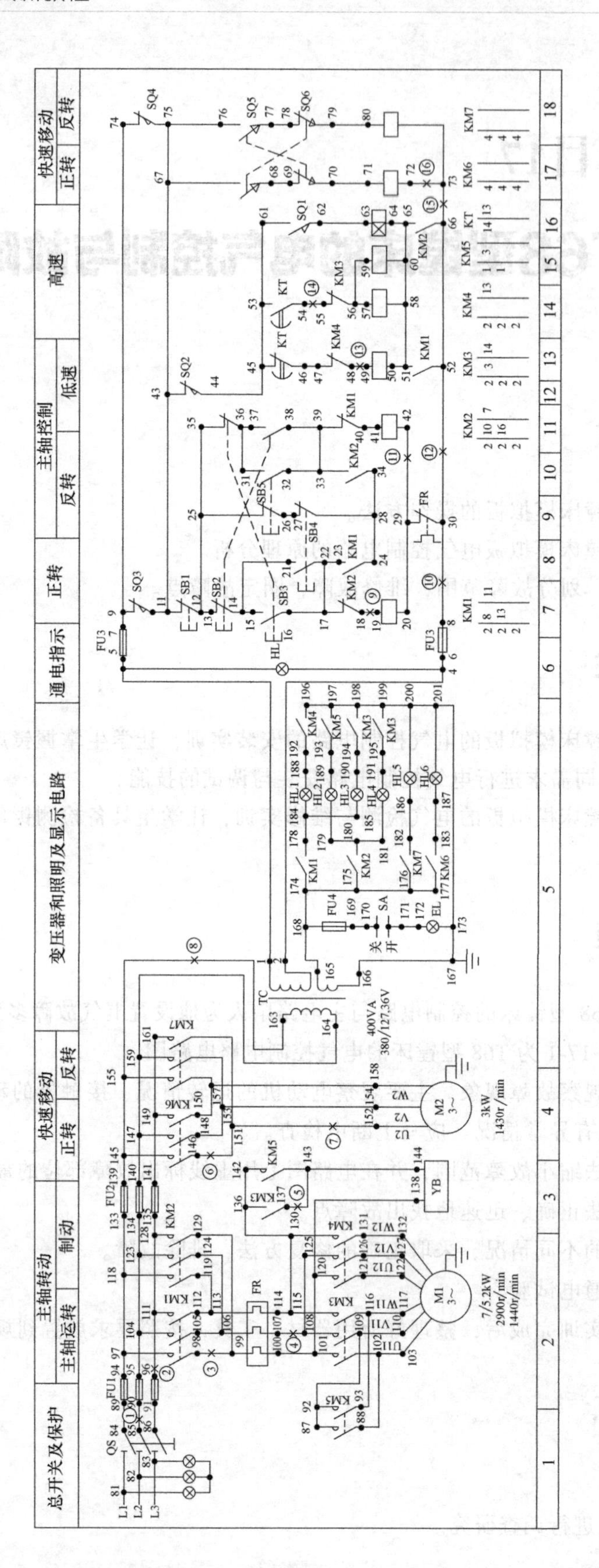

图 17-1 T68 型镗床电气控制电路图

2. 故障分析

在电气控制电路上分析故障可能的原因，思路正确。

3. 故障排除

正确使用工具和仪器，找出故障点并排除故障。

4. 安全文明

劳动保护用品穿戴整齐，电工工具佩戴齐全，遵守操作规程。

5. 成绩评定

根据以上考核要点对学生进行成绩评定，参见表 17-1，给出该项目实训成绩。

表 17-1 实训成绩评定表

实训项目内容	分值/分	考核要点及评分标准	扣分/分	得分/分
调查研究	10	排除故障前不进行调查研究，扣 10 分		
故障分析	30	错标或标不出故障范围，每个故障点扣 10 分		
		不能标出最后的故障点，每个故障点 5 分		
故障排除	50	实际排除故障中思路不清晰，每个故障点扣 5 分		
		每少查出一个故障点扣 5 分		
		每少排除一个故障点扣 5 分		
		排除故障方法不正确，每处扣 3 分		
其　他	10	排除故障时产生新的故障后不能自行修复，每个扣 5 分，若修复，每个扣 4 分		
		损坏电动机扣 10 分		
学　时	4 学时	综合成绩		

17.5 相关知识点

17.5.1 T68 型镗床的电气控制原理分析

1. 主轴电动机的正反转控制

按下正转按钮 SB3，接触器 KM1 线圈得电吸合，主触头闭合（此时开关 SQ2 已闭合），KM1 的常开触头（8 区和 13 区）闭合，接触器 KM3 线圈获电吸合，接触器主触头闭合，电磁制动器 YB 得电松开（指示灯亮），电动机 M1 接成三角形正向起动。反转时只需按下反转起动按钮 SB2，动作原理同上，所不同的是接触器 KM2 获电吸合。

2. 主轴电动机 M1 的点动控制

按下正向点动按钮 SB4，接触器 KM1 线圈获电吸合，KM1 常开触头（8 区和 13 区）闭合，接触器 KM3 线圈获电吸合。而不同于正转的是按钮 SB4 的常闭触头切断了接触器 KM1 的自锁只能点动。这样 KM1 和 KM3 的主触头闭合便使电动机 M1 接成三角形点动。同理按下反向点动按钮 SB5，接触器 KM2 和 KM3 线圈获电吸合，M1 反向点动。

3. 主轴电动机 M1 的停车制动

当电动机正处于正转运转时，按下停止按钮 SB1，接触器 KM1 线圈断电释放，KM1 的常开触头（8 区和 13 区）闭合因断电而断开，KM3 也断电释放。电磁制动器 YB 因失电而制动，电动机 M1 制动停车。同理反转制动只需按下制动按钮 SB1，动作原理同上，所不同的是接触器 KM2 反转制动停车。

4. 主轴电动机 M1 的高、低速控制

若选择电动机 M1 在低速运行可通过变速手柄使变速开关 SQ1（16 区）处于断开低速位置，相应的时间继电器 KT 线圈也断电，电动机 M1 只能由接触器 KM3 接成三角形联结低速运动。如果需要电动机在高速运行，应首先通过变速手柄使变速开关 SQ1 压合接通处于高速位置，然后按正转起动按钮 SB3（或反转起动按钮 SB2），时间继电器 KT 线圈获电吸合。由于 KT 两副触头延时动作，故 KM3 线圈先获电吸合，电动机 M1 接成三角形低速起动，以后 KT 的常闭触头（13 区）延时断开，KM3 线圈断电释放，KT 的常开触头（14 区）延时闭合，KM4、KM5 线圈获电吸合，电动机 M1 接成Y联结，以高速运行。

5. 快速移动电动机 M2 的控制

主轴的轴向进给、主轴箱（包括尾架）的垂直进给、工作台的纵向和横向进给等的快速移动，是由电动机 M2 通过齿轮、齿条等来完成的。快速手柄板到正向快速位置时，压合位置开关 SQ6，接触器 KM6 线圈获电吸合，电动机 M2 正转起动，实现快速正向移动。将快速手柄扳到反向快速位置，位置开关 SQ5 被压合，KM7 线圈获电吸合，电动机 M2 反向快速移动。

6. 联锁保护

为了防止工作台或主轴箱自动快速进给时又将主轴进给手柄扳到自动快速进给的误操作，就采用了与工作台和主轴箱进给手柄有机械联接的位置开关 SQ3。当上述手柄扳在工作台（或主轴箱）自动快速进给的位置时，SQ3 被压断开。同样，在主轴箱上还装有另一个位置开关 SQ4，它与主轴进给手柄有机械联接，当这个手柄动作时，SQ4 也受压断开。电动机 M1 和 M2 必须在位置开关 SQ3 和 SQ4 中有一个处于闭合状态时，才可以起动。如果工作台（或主轴箱）在自动进给（此时 SQ3 断开）时，再将主轴进给手柄扳到自动进给位置（SQ4 也断开），那么电动机 M1 和 M2 便都自动停车，从而达到联锁保护的目的。

17.5.2 T68 型镗床的电气控制电路故障的检修步骤和方法

在进行 T68 型镗床维修练习过程中，要求能发现故障，划分故障范围；维修故障，圈定故障点。

1. T68 型镗床的电气控制电路的故障现象

图 17-1 标出了 16 处故障点，各故障点对应的故障现象如下：

1）085-090 间断路：所有电动机断相，控制回路失效。

2）096-111 间断路：主轴电动机及工作台进给电动机，无论正反转均断相，控制回路正常。

3）098-099 间断路：主轴正转断一相。

4）107-108 间断路：主轴正、反转均断一相。

5）137-143 间断路：主轴电动机低速运转电磁制动器 YB 不能动作。

6）146-151 间断路：进给电动机正转时断一相。

7）151-152 间断路：进给电动机无论正反转均断一相。

8）155-163 间断路：控制变压器断一相，控制回路及照明回路均没电。

9）018-019 间断路：主轴电动机正转、点动与起动均失效。

10）008-030 间断路：控制回路全部失效。

11）029-042 间断路：主轴电动机反转、点动与起动均失效。

12）030-052 间断路：主轴电动机的高低速运行及快速移动电动机的快速移动均不可起动。

13）048-049 间断路：主轴电动机的低速不能起动，高速时，无低速的过渡。

14）054-055 间断路：主轴电动机的高速运行失效。

15）066-073 间断路：快速移动电动机，无论正反转均失效。

16）072-073 间断路：快速移动电动机正转不能起动。

2. T68 型镗床模拟板控制电路故障维修练习

在进行故障维修练习时，要求从易到难，按正确操作和维修步骤进行练习。

模拟故障练习范围：除 0 号线、零线外所有的接线线头处；所有电气元器件的接线线头、触头、触片；熔断器的熔芯、开关的熔丝等。

模拟故障方法：线头包裹绝缘胶；元件螺钉旋松造成接触不良；取下熔芯、触片等部件；将好元件更换为坏元件等。

故障维修练习要求：发现故障，划分故障范围；维修故障，圈定故障点。

1）主电路故障维修练习

设置 1 个主电路故障。操作发现故障，维修故障。

2）控制电路故障练习

设置 1 个控制电路故障。操作发现故障，维修故障。

3）综合练习

设置 1~3 个故障；操作发现故障，维修故障。

17.6　能力拓展

万能外圆磨床控制电路的分析。

任务目标：了解万能外圆磨床基本概况及主轴部分的电气控制原理，能对控制电路进行分析，完整叙述电气控制过程。

实训项目18

三相异步电动机连续运行的PLC控制

18.1 学习要点

1）掌握使用 PLC 编程工具编制和调试简单的 PLC 程序。

2）了解 PLC 控制三相异步电动机连续运行的过程。

3）熟悉 PLC 的定义、结构、工作原理、PLC 的软元件和基本逻辑指令。

18.2 项目描述

1）完成三相异步电动机连续运行的 PLC 控制，并通电检验。

2）通过学习三相异步电动机连续运行的 PLC 控制，让学习者掌握 PLC 控制系统的运行过程。

18.3 项目实施

任务内容：I/O 分配、软件编程和工程调试，完成电动机连续运行的 PLC 控制。

当按下启动按钮并松开后，三相异步电动机一直转动，直到按下停止按钮，电动机才停止转动。三相异步电动机连续运行的“继电器-接触器”控制电路原理如图 8-1 所示。

1. I/O 分配

(1) I/O 分配表

根据三相异步电动机连续运行的控制要求，输入设备 3 个，输出设备 1 个，其 I/O 分配见表 18-1。

表 18-1　I/O 分配表

输入			输出		
电路元件	输入继电器	作用	电路元件	输出继电器	作用
SB1	X000	启动按钮	KM	Y000	交流接触器
SB2	X001	停止按钮			
FR	X002	过载保护			

(2) 硬件接线图

三相异步电动机连续运行的 PLC 控制的硬件接线图如图 18-1 所示。

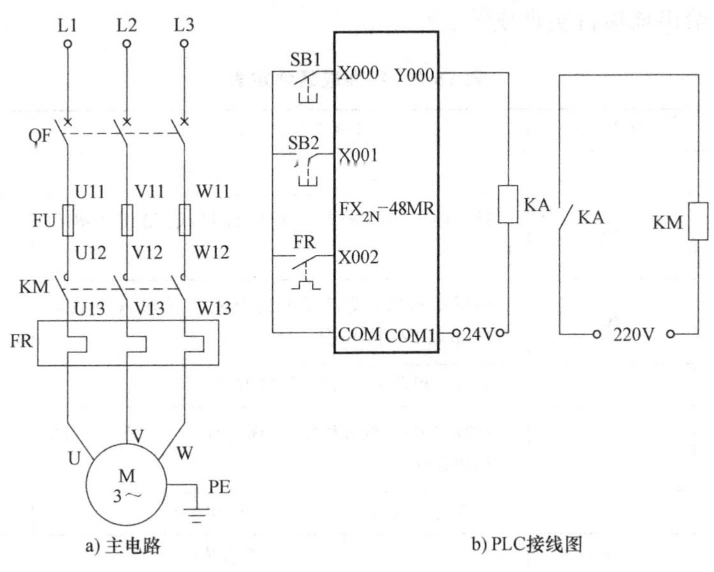

图 18-1　三相异步电动机连续运行的 PLC 控制的硬件接线图

2. 软件编程

通过分析控制要求进行程序设计，其梯形图程序和指令表程序如图 18-2 所示。

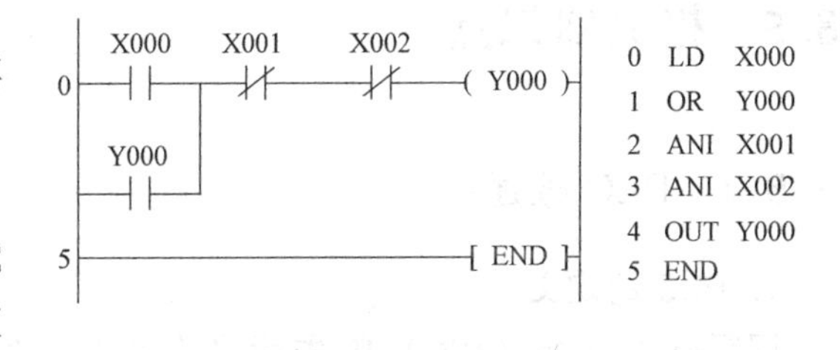

图 18-2　三相异步电动机连续运行的梯形图程序及指令表程序

3. 工程调试

1) 在断电状态下连接好电缆，将 PLC 运行模式选择开关拨到“STOP”位置，使用编程软件编程并下载到 PLC 中。

2) 将 PLC 运行模式选择开关拨到“RUN”位置，按下启动按钮 SB1 并松手，如果电动机能一直转动，直到按下停止按钮 SB2，电动机才停止，则硬件连接和程序编写均正确，调试结束。

3) 如果出现故障，学生应独立检修，直到排除故障。

4. 整理器材

18.4　考核要点

1. 检查 I/O 分配是否正确

包括检查绘制的 I/O 分配表和硬件接线图是否正常。

2. 检查硬件接线是否正确

是否做到安全、规范。

3. 测试软件程序是否正确

测试电动机是否能够实现连续运行。

4. 成绩评定

根据以上考核要点对学生进行成绩评定，三相异步电动机连续运行的 PLC 控制成绩评定表见表 18-2，给出该项目实训成绩。

表 18-2　实训成绩评定表

实训项目内容	分值/分	考核要点及评分标准	扣分/分	得分/分
I/O 分配 软件编程	10	画出 I/O 分配表，错误 1 处扣 10 分		
	20	设计硬件接线图并进行硬件接线，错误 1 处扣 10 分		
	30	编写梯形图（或者写出指令表），并输入下载进 PLC，错误 1 处扣 10 分		
工程调试	20	进行工程调试，错误 1 处扣 10 分		
	15	书写规范；实践过程安全；规定时间内完成；一项未达标扣 3 分		
其　他	5	实训台整洁、设备完好，未达标扣 5 分		
学　时	4 学时	综合成绩		

18.5　相关知识点

18.5.1　PLC 概述

1. PLC 的定义

国际电工学会（IEC）曾先后多次修改并发布可编程序控制器（Programmable Logic Controller，PLC）标准草案，对 PLC 做了如下定义：PLC 是一种数字运算操作电子系统，专为在工业环境下应用而设计。它采用了可编程序的存储器，用来在其内部存储执行逻辑运算、顺序控制、定时、计数和算术运算等操作的指令，并通过数字的、模拟的输入和输出，控制各种类型的机械或生产过程。PLC 及其有关的外围设备，都应按易于与工业控制系统形成一个整体、易于扩充其功能的原则设计。

PLC 定义作出以下强调：

1）数字运算操作的电子系统——也是一种计算机。

2）专为在工业环境下应用而设计。

3）面向用户指令——编程方便。

4）逻辑运算、顺序控制、定时计算和算术操作。

5）数字量或模拟量输入/输出控制。

6）易与控制系统连成一体。

7）易于扩充。

PLC 的种类和型号众多，国外较典型产品见表 18-3，本书将以三菱公司的 FX_{3U} 系列为主要讲授对象来介绍 PLC 的相关知识。

表 18-3　PLC 的主要种类和型号

厂　家	系　列	型　号
三菱电机(Mitsubishi Electric)公司	FX_{3U}	FX_{3U}-16MT-ES/A 8 输入/8 晶体管输出(AC 电源) FX_{3U}-16MR-ES/A 8 输入/8 继电器输出(AC 电源) FX_{3U}-64MT-ES/A 32 输入/32 晶体管输出(AC 电源) FX_{3U}-64MR-ES/A 32 输入/32 继电器输出(AC 电源)
	FX_{2N}	FX_{2N}-64MR-001 基本单元带 32 点输入/32 点继电器输出 FX_{2N}-64MR-D 基本单元带 32 点输入/32 点继电器输出
	Q	QG60、QJ71GP21-SX、Q03UDECPU
欧姆龙(OMRON)公司	PLC-CPM1A-VA	CPM1A-40CDR-D-V1 40 点 CPU 单元 DC24V 24 点输入,16 点继电器输出 CPM1A-40CDT-D-V1 40 点 CPU 单元 DC24V 24 点输入,16 点晶体管输出,漏型
	PLC-CPM2A	CPM2A-20CDR-D 20 点 CPU 单元 DC24V 12 点输入,8 点继电器输出自带 RS232 CPM2A-20CDT-D 20 点 CPU 单元 DC24V 12 点输入,8 点晶体管输出自带 RS232
	PLC-CP1L	CP1L-L14DR-A 14 点 CPU 单元,AC100～220V 8 点输入,6 点继电器输出
	PLC-CP1H	CP1H-X40DR-A 40 点 CPU 单元 24 点输入,16 点继电器输出 CP1H-XA40DR-A 40 点 CPU 单元 24 点输入,16 点继电器输出
西门子(Siemens)公司	SMART S7 PLC	S7-200、S7-300、S7-1200、S7-1500

2. PLC 的系统

PLC 的系统与计算机系统相似，主要由硬件和软件两个部分组成。

(1) PLC 的硬件结构

PLC 主要由中央处理单元（CPU）、存储器（RAM、ROM）、输入/输出单元（I/O）、电源和编程器等组成。PLC 硬件结构如图 18-3 所示。

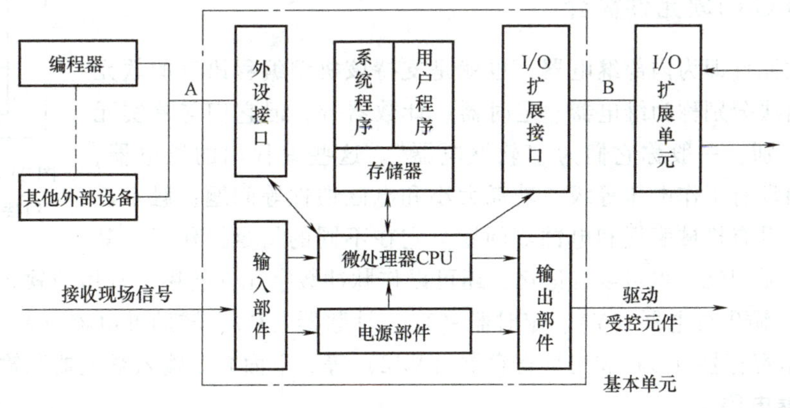

图 18-3　PLC 硬件结构

(2) PLC 的软件系统

PLC 的软件分为系统监控程序和用户程序两大部分。系统监控程序是用于控制本身的运行，主要有管理程序、用户指令解释程序和标准程序模块，由系统调用。用户程序是由PLC的使用者编制的，用于控制被控装置的运行。

(3) PLC的编程语言

PLC的用户程序是设计人员根据控制系统的工艺控制要求，通过PLC编程语言的编制设计的。根据国际电工委员会制定的工业控制编程语言标准（IEC1131-3），PLC的编程语言包括以下五种：梯形图语言（LD）、指令表语言（IL）、功能模块图语言（FBD）、顺序功能流程图语言（SFC）及结构化文本语言（ST）。

(4) PLC编程器和编程软件

PLC编程器是可编程序控制器系统的人机接口，用户可以利用编程器对可编程序控制器进行程序的输入、编辑、修改和调试。不同生产厂家、不同系列所使用的PLC编程器和编程软件不尽相同。

三菱FX系列常用的编程器是FX-20P-E手持式编程器，主要用于实现人机对话，进行程序的输入、编辑和功能开发，还可以用来监视PLC的工作状态，广泛用于小型PLC的用户程序编制、现场调试和监控。

三菱FX系列常用的编程软件是GX Developer和GX Works2。它们又称为GX开发器，可以用于涵盖所有三菱电机公司的PLC设备，可以在Windows 9x及以上版本的操作系统运行。

3. PLC的工作原理

PLC的工作原理是采用扫描工作方式。PLC有RUN（运行）与STOP（编程）两种基本的工作模式，如图18-4所示。当处于STOP模式时，PLC只进行内部处理和通信服务等内容，一般用于程序的写入和修改。当处于RUN模式时，PLC除了要进行内部处理、通信服务之外，还要执行反映控制要求的用户程序，即执行输入处理、程序处理及输出处理，完成上述三个阶段称作一个扫描周期。在整个运行期间，PLC的CPU以一定的扫描速度重复执行上述三个阶段。

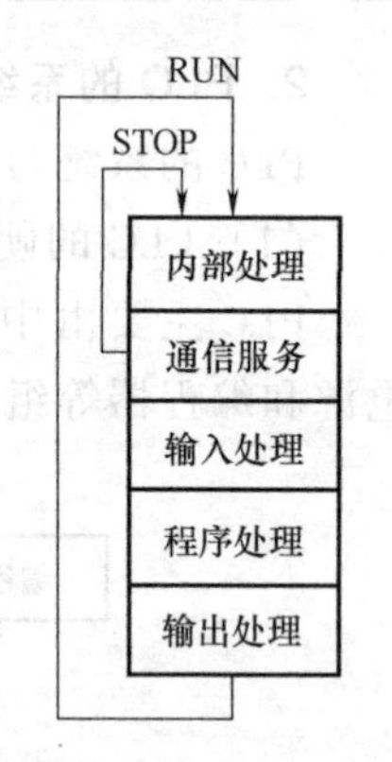

图18-4 PLC的扫描工作方式

18.5.2 PLC的软元件简介

PLC的软元件即为内部继电器，也就是支持该机型编程语言的软元件，按通俗叫法分别称为继电器、定时器、计数器等，但它们与真实元件有很大的差别，一般称它们为“软继电器”。这些编程用的继电器，它的工作线圈没有工作电压等级、功耗大小和电磁惯性等问题；触点没有数量限制、没有机械磨损和电蚀等问题。它在不同的指令操作下，其工作状态可以无记忆，也可以有记忆，还可以作脉冲数字元件使用。常用的软元件有：输入继电器（X）、输出继电器（Y）、定时器（T）、计数器（C）、辅助继电器（M）、状态继电器（S）、数据寄存器（D）和变址寄存器（V/Z）等。下面介绍输入继电器和输出继电器。

1. 输入继电器

输入继电器（X）必须由外部信号驱动，不能用程序驱动，所以在程序中不可能出现其线圈。由于输入继电器（X）为输入映象寄存器中的状态，所以其触点的使用次数不限。输入继电器与输入端相连，它是专门用来接收PLC外部开关信号的元件。PLC通过输入接口将外部输入信号状态（接通时为“1”，断开时为“0”）读入并存储在输入映象寄存器中。

FX 系列 PLC 的输入继电器以八进制进行编号。**注意：**基本单元输入继电器的编号是固定的，扩展单元和扩展模块是按与基本单元最靠近开始，顺序进行编号。例如：基本单元 FX_{3U}-48M 的输入继电器编号为 X000～X027（24 点）。

2. 输出继电器

输出继电器（Y）是 PLC 向外部负载发送信号的窗口。输出继电器用来将 PLC 的输出信号传送给输出模块，再由后者驱动外部负载。输出继电器型输出模块中对应的硬件继电器的常开触点闭合，使外部负载工作。输出模块中的每一个硬件继电器仅有一对常开触点，但是在梯形图中，每一个输出继电器的常开触点和常闭触点都可以多次使用。输出继电器既可以是线圈，也可以是常开或常闭触点。FX 系列 PLC 的输出继电器以八进制进行编号。表 18-4 给出了 FX_{3U} 系列 PLC 输入、输出继电器的元件号。

表 18-4　FX_{3U} 系列 PLC 输入、输出继电器

型号	FX_{3U}-16M	FX_{3U}-32M	FX_{3U}-48M	FX_{3U}-64M	FX_{3U}-80M	扩展时
输入	X000～X007 8 点	X000～X017 16 点	X000～X027 24 点	X000～X037 32 点	X000～X047 40 点	X000～X367 248 点
输出	Y000～Y007 8 点	Y000～Y017 16 点	Y000～Y027 24 点	Y000～Y037 32 点	Y000～Y047 40 点	Y000～Y367 248 点

18.5.3　PLC 的基本逻辑指令

三菱 FX 系列 PLC 的 29 条基本逻辑指令见表 18-5。

表 18-5　三菱 FX 系列 PLC 的 29 条基本逻辑指令

记号	名称	功　能	符　号	操作元件	程序步
LD	取	常开触点逻辑运算起始	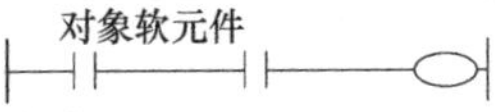 对象软元件	X,Y,M,S,T,C	1
LDI	取反	常闭触点逻辑运算起始	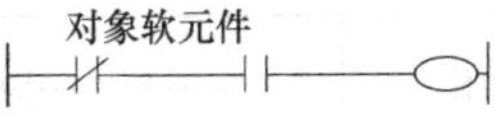 对象软元件	X,Y,M,S,T,C	1
LDP	取上升沿脉冲	上升沿脉冲逻辑运算开始	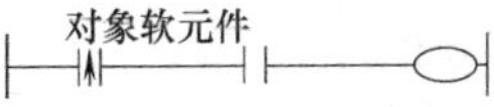 对象软元件	X,Y,M,S,T,C	2
LDF	取下降沿脉冲	下降沿脉冲逻辑运算开始	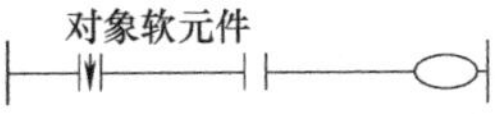 对象软元件	X,Y,M,S,T,C	2
AND	与	单个常开触点与左边触点串联连接	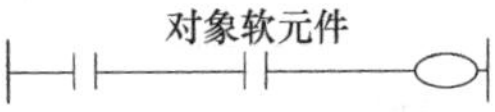 对象软元件	X,Y,M,S,T,C	1
ANI	与非	单个常闭触点与左边触点串联连接	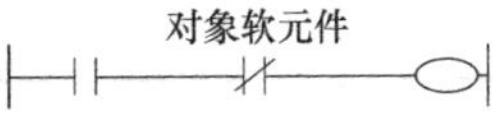 对象软元件	X,Y,M,S,T,C	1
ANDP	与上升沿脉冲	上升沿脉冲串联连接	 对象软元件	X,Y,M,S,T,C	2

（续）

记号	名称	功　能	符　号	操作元件	程序步
ANDF	与下降沿脉冲	下降沿脉冲串联连接	对象软元件	X,Y,M,S,T,C	2
OR	或	单个常开触点与上一触点并联连接	对象软元件	X,Y,M,S,T,C	1
ORI	或非	单个常闭触点与上一触点并联连接	对象软元件	X,Y,M,S,T,C	1
ORP	或上升沿脉冲	上升沿脉冲并联连接	对象软元件	X,Y,M,S,T,C	2
ORF	或下降沿脉冲	下降沿脉冲并联连接	对象软元件	X,Y,M,S,T,C	2
ANB	回路块与	并联电路块的串联连接		—	1
ORB	回路块或	串联电路块的并联连接		—	1
MPS	进栈	运算存储	MPS	—	1
MRD	读栈	储存读出	MRD	—	1
MPP	出栈	储存读出与复位	MPP	—	1
INV	取反	逻辑运算结果取反	INV	—	1
MEP	M·E·P	上升沿时导通		—	
MEF	M·E·F	上升沿时导通		—	
OUT	输出	线圈驱动	对象软元件	Y,M,S,T,C	Y、M:1; S、特 M:2; T:3;C:3~5
SET	置位	保持线圈动作	SET 对象软元件	Y,M,S	Y、M:1 S、特 M:2
RST	复位	解除保持的动作、当前值及寄存器的清除	RST 对象软元件	Y,M,S,C,D,V,Z,T	Y、M:1 S、特 M、C、积 T:2;D、V、Z:3
PLS	上升沿脉冲	输入为上升沿时微分输出	PLS 对象软元件	Y,M	2
PLF	下降沿脉冲	输入为下降沿时微分输出	PLF 对象软元件	Y,M	2
MC	主控	主控电路块起点	MC N 对象软元件	操作数 N,Y、M（不含特殊 M）	3
MCR	主控复位	主控电路块终点	MCR N	操作数 N(0~7 层)	2

（续）

记号	名称	功　能	符　号	操作元件	程序步
NOP	空操作	无操作	——	无	1
END	结束	程序结束	├──[END]──┤	无	1

18.5.4　PLC 编程软件的使用

1. 实训设备

计算机 1 台、GX Works2 软件。

2. 安装软件

PLC 不同生产厂家、不同系列所使用的编程软件不尽相同，下面以 GX Works2 为例，介绍软件的安装和使用。

1）启动计算机，双击“我的电脑”，找到编程软件的存放位置并双击。

2）双击“GX Works2”图标，出现图 18-5 所示画面。

名称	修改日期	类型	大小
Doc	2012/4/1 11:42	文件夹	
LLUTL	2017/12/1 15:15	文件夹	
Manual	2017/12/1 15:11	文件夹	
SUPPORT	2012/4/1 11:43	文件夹	
data1.cab	2012/2/16 17:10	WinRAR 压缩文件	1,643 KB
data1.hdr	2012/2/16 17:09	HDR 文件	561 KB
data2.cab	2012/2/16 17:10	WinRAR 压缩文件	104,273 KB
engine32.cab	2005/11/14 1:24	WinRAR 压缩文件	542 KB
GXW2.txt	2012/1/18 11:39	文本文档	1 KB
Information.txt	2011/10/14 10:15	文本文档	3 KB
layout.bin	2012/2/16 17:10	BIN 文件	1 KB
setup.exe	2005/11/14 1:24	应用程序	119 KB
setup.ibt	2012/2/16 17:09	IBT 文件	460 KB
setup.ini	2012/2/16 17:09	配置设置	1 KB
setup.inx	2012/2/16 17:09	INX 文件	324 KB

类型: IBT 文件
大小: 459 KB
修改日期: 2012/2/16 17:09

图 18-5　GX Works2 软件安装包

3）双击图 18-6 中的“setup. exe”图标，然后按照弹出的对话框进行操作，直到单击“结束”。

3. PLC 程序的编写

（1）进入和退出编程环境

双击桌面“GX Works2”图标，进入编程环境，如图 18-6 所示。若要退出编程环境，则执行“工程”→“退出工程”命令，或直接单击“关闭”按钮即可退出编程环境。

（2）新建一个工程

进入编辑环境后，可以看到该窗口编辑区域是不可用的，工具栏中除了“新建”和

图 18-6　运行 GX Works2 后的界面

“打开”按钮可见以外，其余按钮均不可见。单击图 18-6 中的按钮，或执行“工程”→“创建新工程”命令，可创建一个新工程，出现图 18-7 所示画面。

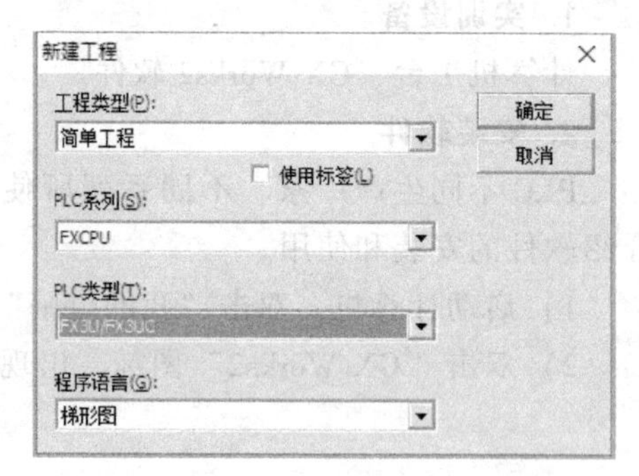

图 18-7　运行 GX Works2 后的界面

如图 18-7 所示选择 PLC 系列、PLC 类型。设置项还包括程序类型和工程名设置。工程名设置即设置工程的保存路径（可单击“浏览”进行选择）、工程名和标题。其中，PLC 系列和类型是必须设置的，且须与所连接的 PLC 一致，否则，程序将无法写入 PLC。设置好上述各项后，再根据弹出的对话框进行操作，直至出现图 18-8 所示的窗口，即可进行程序的编制。

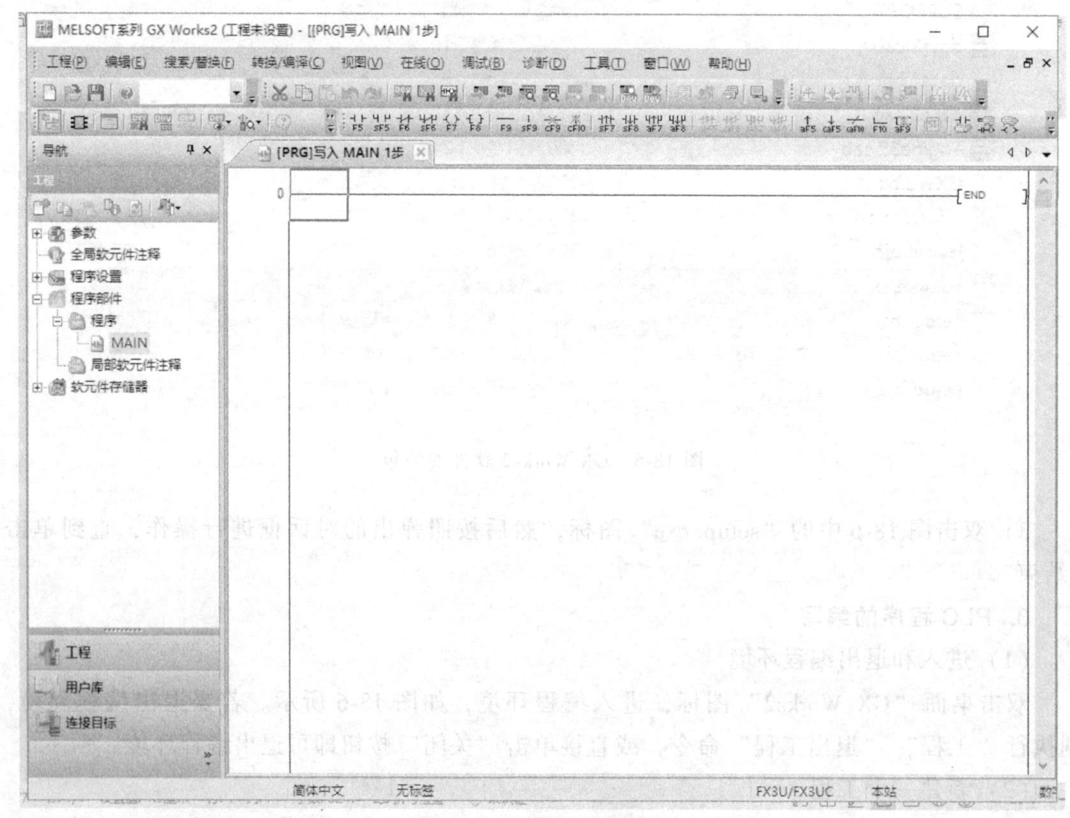

图 18-8　程序的编辑窗口

(3) 软件界面

程序的编辑窗口如图 18-8 所示，分别由标题栏、菜单栏、工具栏、编辑区、工程数据列表和状态栏组成。

4. PLC 程序的编辑

如图 18-9 所示，编写三相异步电动机连续运行的 PLC 控制梯形图。

图 18-9　编制梯形图

18.6　能力拓展

设计一个三相异步电动机连续运行两地控制的 PLC 控制程序。

任务目标：设计一个三相异步电动机连续运行两地控制的 PLC 控制程序，能够实现电动机进行两地启动、停止控制，绘制 I/O 分配表和硬件接线图，编写程序并通电运行。

实训项目19

艺术灯循环点亮的PLC控制

19.1 学习要点

1）掌握 PLC 软元件——状态继电器及其应用。
2）会应用 PLC 软元件——定时器。
3）掌握 PLC 的状态转移图，步进顺控指令的使用及步进顺控程序的设计方法。

19.2 项目描述

1）完成艺术灯循环点亮的 PLC 控制，并通电检验。

2）通过学习艺术灯循环点亮的 PLC 控制设计，让学习者掌握步进顺控指令的使用及步进顺控程序的设计方法。

19.3 项目实施

任务内容：I/O 分配、软件编程和工程调试，完成艺术灯的 PLC 控制。

一个艺术灯控制系统按照以下控制要求运行。当按下启动按钮并松开后，艺术灯控制系统按照以下表中，从状态 1 到状态 7 运行，每个状态亮 1s，状态间间隔 1s，如此循环，直到按下停止按钮，艺术灯控制系统停止运行。艺术灯控制系统状态表见表 19-1 所示。

表 19-1 艺术灯控制系统状态表

状态	黄灯	绿灯	红灯	蓝灯	紫灯
1	亮	灭	灭	灭	灭
2	灭	亮	灭	灭	灭
3	灭	灭	亮	灭	灭
4	灭	灭	灭	亮	灭
5	灭	灭	灭	灭	亮
6	亮	亮	亮	亮	亮
7	灭	灭	灭	灭	灭

1. I/O 分配

(1) I/O 分配表

根据艺术灯 PLC 控制要求，输入元件 2 个，输出元件 5 个，其 I/O 分配表见表 19-2。

表 19-2　I/O 分配表

输入			输出		
电路元件	输入继电器	作用	电路元件	输出继电器	作用
SB1	X000	停止	黄灯	Y000	艺术灯控制
SB2	X001	启动	绿灯	Y001	艺术灯控制
			红灯	Y002	艺术灯控制
			蓝灯	Y003	艺术灯控制
			紫灯	Y004	艺术灯控制

（2）硬件接线图

艺术灯循环点亮 PLC 控制的 I/O 接线图如图 19-1 所示。

2. 状态转移图

根据控制要求，其流程图如图 19-2 所示；再根据其流程图可以画出其状态转移图，如图 19-3 所示。

3. 软件编程

根据状态转移图编写指令表程序，如图 19-4 所示。

1）在断电状态下连接好电缆，将 PLC 运行模式选择开关拨到“STOP”位置，使用编程软件编程并下载到 PLC 中。

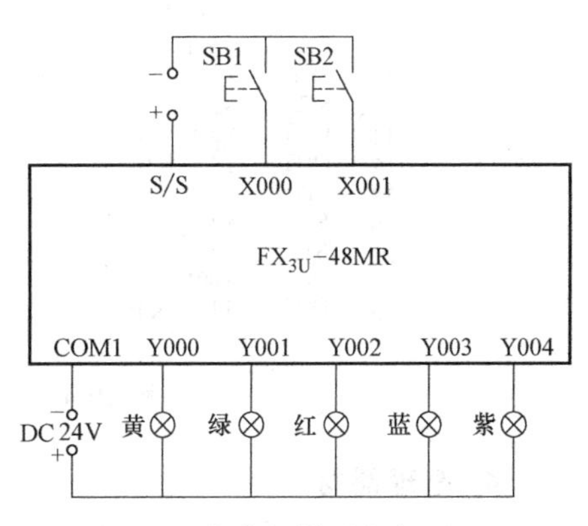

图 19-1　艺术灯循环点亮 PLC 控制的 I/O 接线图

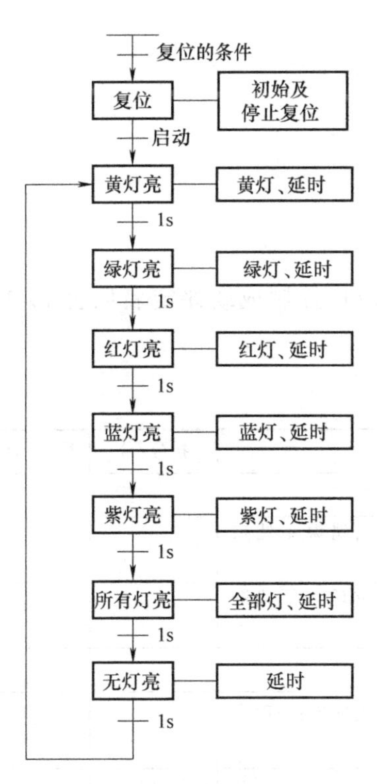

图 19-2　艺术灯循环点亮 PLC 控制的流程图

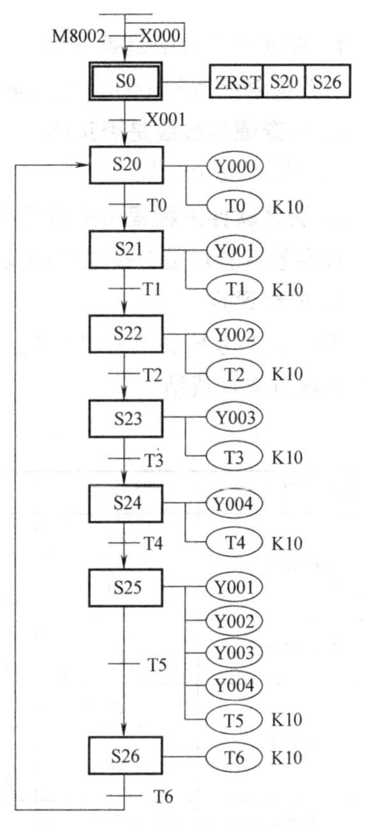

图 19-3　艺术灯循环点亮 PLC 控制的状态转移图

2）将 PLC 运行模式选择开关拨到“RUN”位置，按下启动按钮 SB2，观察艺术灯是否按控制要求运行；按下 SB1，调试结束。

3）如果出现故障，学生应独立检修，直到排除故障。

```
0   LD    M8002          26  LD    T1             50  LD    T4
1   OR    X000           27  SET   S22            51  SET   S25
2   SET   S0             29  STL   S22            53  STL   S25
4   STL   S0             30  OUT   Y002           54  OUT   Y001
5   ZRST  S20  S26       31  OUT   T2   K10       55  OUT   Y002
10  LD    X001           34  LD    T2             56  OUT   Y003
11  SET   S20            35  SET   S23            57  OUT   Y000
13  STL   S20            37  STL   S23            58  OUT   T5   K10
14  OUT   Y000           38  OUT   Y003           61  LD    T5
15  OUT   T0   K10       39  OUT   T3   K10       62  SET   S26
18  LD    T0             42  LD    T3             64  STL   S26
19  SET   S21            43  SET   S24            65  OUT   T6   K10
21  STL   S21            45  STL   S24            68  LD    T6
22  OUT   Y001           46  OUT   Y004           69  OUT   S20
23  OUT   T1   K10       47  OUT   T4   K10       71  RET
                                                  72  END
```

图 19-4　艺术灯循环点亮 PLC 控制的指令表

4. 整理器材

19.4　考核要点

1. 检查 I/O 分配是否正确

包括检查绘制的 I/O 分配表和硬件接线图是否正常。

2. 检查硬件接线是否正确

是否做到安全、规范。

3. 测试软件编程程序是否正确

观察艺术彩灯是否按照控制要求运行。

4. 成绩评定

根据以上考核要点对学生进行成绩评定，艺术彩灯的 PLC 控制成绩评定表见表 19-3，给出该项目实训成绩。

表 19-3　实训成绩评定表

实训项目内容	分值/分	考核要点及评分标准	扣分/分	得分/分
I/O 分配	10	画出 I/O 分配表，错误 1 处扣 10 分		
	20	设计硬件接线图并进行硬件接线，错误 1 处扣 10 分		
软件编程	30	编写梯形图（或者写出指令表），并输入下载进 PLC，错误 1 处扣 10 分		
工程调试	20	进行工程调试，错误 1 处扣 10 分		
	15	书写规范；实践过程安全；规定时间内完成；一项未达标扣 3 分		
其他	5	实训台整洁、设备完好，未达标扣 5 分		
学　时	4 学时	综合成绩		

19.5 相关知识点

19.5.1 PLC的软元件——状态继电器

状态继电器是构成状态转移图的重要软元件，它与后述的步进顺控指令配合使用，其分类见表19-4。

表19-4　FX系列PLC的状态继电器分类

分类	FX_{1S}	FX_{1N}	$FX_{2N}/FX_{2N}C$	$FX_{3U}/FX_{3U}C$
初始化及返回原点状态继电器	10点,S0~S9		初始用10点,S0~S9 返回原点用10点,S10-S19	10点,S0~S9
通用状态继电器	—		490点,S20~S499	490点,S20~S499
锁存状态继电器	128点,S0~S127	1000点,S0~S999	400点,S500~S899	400点,S500~S899
信号报警器	—		100点,S900~S999	100点,S900~S999
保持用[固定]	—		—	3096点,S1000~S4095

19.5.2 PLC的软元件——定时器

PLC中的定时器是PLC内部的软元件，其作用相当于继电器系统中的时间继电器，其内部有几百个定时器，定时器是根据时钟脉冲的累积计时的。时钟脉冲有1ms、10ms、100ms三种，当所计时间达到设定值时，其输出触点动作。

常数K可以作为定时器的设定值，也可以用数据寄存器（D）的内容来设置定时器，当用数据寄存器的内容做设定值时，通常使用失电保持的数据寄存器，这样在断电时不会丢失数据。但应注意，如果锂电池电压降低，定时器及计算器均可能发生误动作。FX系列PLC的定时器分为通用定时器和积算定时器。FX_{3U}系列PLC的定时器个数和元件编号分类见表19-5。

表19-5　FX_{3U}系列PLC的定时器个数和元件编号分类

分类	100ms型 0.1~3276.7s	10ms型 0.01~327.67s	1ms累计型 0.001~32.767s	100ms累计型 0.1~3276.7s	1ms型 0.001~32.767s
元件编号	200点,T0~T199 (子程序用T192~T199)	46点,T200~T245	4点,T246~T249 执行中断保持用	6点,T250~T255 保持用	256点,T256~T511

19.5.3 状态转移图

1. 流程图

艺术灯循环点亮实际上是一个顺序控制，整个控制过程可分为7个阶段（或叫工序）：复位、黄灯亮、绿灯亮、红灯亮、蓝灯亮、紫灯亮、所有灯亮。每个阶段又分别完成如下的工作（也叫动作）：初始及停止复位，亮黄灯、延时，亮绿灯、延时，亮红灯、延时，亮蓝灯、延时，亮紫灯、延时，全亮、延时。各个阶段之间只要延时时间到就可以过渡（也叫转移）到下一阶段。因此，可以很容易地画出其工作流程图（见图19-2）。

2. 状态转移图

流程图对大家来说并不陌生，那么，如何让 PLC 来识别大家所熟悉的流程图呢？这就要将流程图“翻译”成图 19-3 所示的状态转移图。其对应关系可以理解为：一是将流程图中的每一个工序用 PLC 的一个状态继电器来表示；二是将流程图中每个工序要完成的动作用 PLC 的线圈指令或功能指令来实现；三是将流程图中各个工序之间的转移条件用 PLC 的触点或电路块来替代；四是流程图中的箭头方向就是 PLC 状态转移图中的转移方向。设计状态转移图的方法见下：

1）将整个控制过程按任务要求分解成若干道工序，其中每一道工序对应一个状态（即步），分配状态继电器。

2）明确每个状态的功能。艺术灯循环点亮控制系统各状态功能见表 19-6。

表 19-6 艺术灯循环点亮控制系统各状态功能

状态继电器	工　序	状态功能
S0	PLC 初始及停止复位	驱动 ZRST S20 S22 区间复位指令
S20	亮黄灯、延时	驱动 Y000、T0 的线圈，使黄灯亮 1s
S21	亮绿灯、延时	驱动 Y001、T1 的线圈，使绿灯亮 1s
S22	亮红灯、延时	驱动 Y002、T2 的线圈，使红灯亮 1s
S23	亮蓝灯、延时	驱动 Y003、T3 的线圈，使蓝灯亮 1s
S24	亮紫灯、延时	驱动 Y004、T4 的线圈，使紫灯亮 1s
S25	全亮、延时	驱动 Y000、Y001、Y002、Y003、Y004、T5 的线圈，使全部灯亮 1s

3）找出每个状态的转移条件和方向，即在什么条件下将下一个状态“激活”。艺术灯循环点亮控制系统各状态转移条件见表 19-7。

表 19-7 艺术灯循环点亮控制系统各状态转移条件

状态继电器转移过程	各状态转移条件
S0	初始脉冲 M8002 或停止按钮（常开触点）X000，二者是或的关系
S20	启动按钮 X001 或从 S22 来的定时器 T2 的延时闭合触点，二者是或的关系
S21	定时器 T0 的延时闭合触点
S22	定时器 T1 的延时闭合触点
S23	定时器 T2 的延时闭合触点
S24	定时器 T3 的延时闭合触点

4）根据控制要求或工艺要求，画出状态转移图。经过以上 3 步，可画出艺术灯循环点亮控制系统的状态转移图（见图 19-3）。

3. 状态转移图的组成

状态转移图中一个完整状态，必须包括以下四部分内容：

1）控制元件：梯形图中画出状态继电器的步进接点。

2）状态所驱动的对象：依照流程图画出即可。

3）转移条件：如果转移图中只标注 X001，则表示是以 X001 的常开触点动作作为转移条件；如果带箭头的线段上有两个或两个以上垂直短线，则表示触点的逻辑组合为转移条件。例如：标注了X001和X002，则表示以X001与X002的常开触点串联作为转移条件。

4）转移方向：用SET指令将下一个状态的状态继电器置位，以表示转移方向。

19.5.4　步进顺控及其指令

在顺序控制过程中每一个状态都有一个控制元件来控制该状态，任意时刻只能处在一个状态，这样生产过程按状态变化而有序地进行，所以顺序控制也称为步进顺控。FX系列PLC中是采用状态继电器作为控制元件，状态继电器是利用其常开触点来控制该状态是否动作的，因此，常开触点的作用不同于普通常开触点。控制某一个状态的常开触点称为步进接点。

FX_{3U}系列PLC的步进顺控指令有两条：步进接点指令STL和步进返回指令RET。步进接点指令只有常开触点，连接步进接点的其他继电器接点用指令LD或LDI开始。步进返回指令（RET）用于状态（S）流程结束时，返回主程序（母线）。

19.6　能力拓展

设计一个三相异步电动机交替运行的控制系统。

任务目标：用步进顺控的设计方法设计一个三相异步电动机交替运行控制系统，能够实现两台电动机交替运行控制，第一台电动机运行20s，停10s，第二台电动机运行20s，停10s，如此循环，直至按下停止按钮。要求绘制I/O分配表和硬件接线图，绘制状态转移图，编写程序并通电运行。

附 录

附录A 电气简图用图形符号和文字符号一览表

编号	名称	图形符号（GB/T 4728—2008～2018）	文字符号（GB/T 7159—1987）
1	直流		
	交流		
2	导线的连接	或	
	导线的多线连接	或	
3	接地一般符号		
4	电阻的一般符号		R
5	电容器一般符号		C
	极性电容	+	
6	二极管		VD
7	熔断器		FU
8	三相笼型异步电动机	M 3～	M
	三相绕线转子异步电动机	M 3～	

（续）

编号	名　称	图形符号 （GB/T 4728—2008～2018）	文字符号 （GB/T 7159—1987）
9	单极开关		Q
10	手动三极开关 一般符号	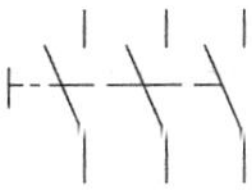	Q
	三极开关		
	刀开关		
	组合开关		
11	限位开关 （或行程开关） 的常开触头		SQ
	限位开关 （或行程开关） 的常闭触头		
	双向机械操作的 位置开关	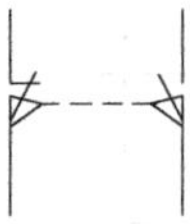	
12	带常开触头 的按钮		SB
	带常闭触头 的按钮		
	带常开和常闭 触头的按钮		
13	接触器线圈	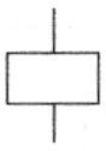	KM
14	接触器的常开 （动合）触头		KM
	接触器的常闭 （动断）触头		

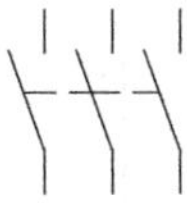

（续）

编号	名　称	图形符号 （GB/T 4728—2008～2018）	文字符号 （GB/T 7159—1987）
15	常开(动合)触头		符号同操作元件
	常闭(动断)触头		
	时间继电器线圈(一般符号)		KT
	中间继电器线圈		K
16	热继电器热元件		FR
	热继电器的常闭触头		
17	电磁铁		YA
	电磁吸盘		YH
18	接插器件		X
	照明灯		EL
	信号灯		HL
19	中性线(中线)	N	
20	中间线	M	
21	正极	+	
22	负极	-	
23	正脉冲		
24	负脉冲		
25	锯齿波		
26	等电位		

（续）

编号	名　　称	图形符号 （GB/T 4728—2008～2018）	文字符号 （GB/T 7159—1987
27	理想电流源	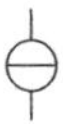	
28	理想电压源		
29	双向二极管	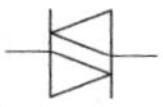	
30	晶闸管	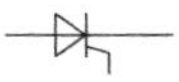	
31	PNP 型晶体管	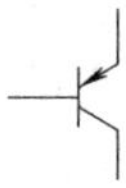	
32	NPN 型晶体管	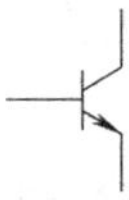	
33	电感器		
34	发光二极管		
35	电能表	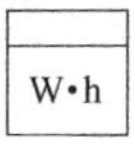 W•h	

附录 B　电工职业技能等级证书理论测试模拟题（一）

1. 一般万用表可以测量直流电压、交流电压、直流电流、电阻、功率等物理量。
（　　）

A. 正确　　　　B. 错误

2. 磁性开关的结构和工作原理与接触器完全一样。（　　）

A. 正确　　　　B. 错误

3. 变频器输出侧技术数据中额定输出是用户选择变频器容量时的主要依据。（　　）

A. 正确　　　　B. 错误

4. 多台电动机的顺序控制功能既可以在主电路中实现，也能在控制电路中实现。
（　　）

A. 正确　　　　B. 错误

5. PLC 连接时必须注意负载电源的类型和可编程序控制输入输出的有关技术资料。
（　　）

A. 正确　　　　B. 错误

6. 对于图示的 PLC 梯形图，程序中元件安排不合理。（　　）

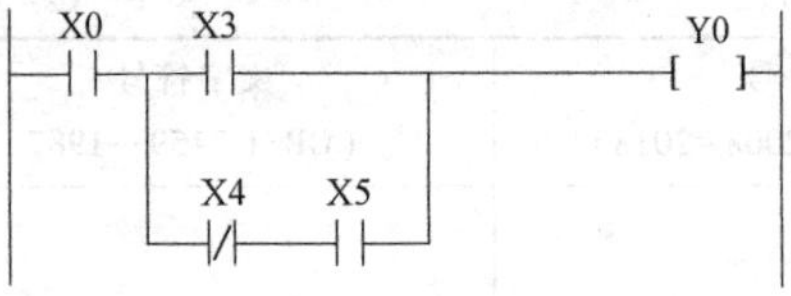

A. 正确　　　　　　　　　　　　B. 错误

7. 直流双臂电桥用于测量准确度高的小阻值电阻。　　　　　　　　　　（　　）

A. 正确　　　　　　　　　　　　B. 错误

8. M7130 平面磨床中，冷却泵电动机 M2 必须在砂轮电动机 M1 运行后才能起动。

（　　）

A. 正确　　　　　　　　　　　　B. 错误

9. 生产任务紧的时候放松文明生产的要求是允许的。　　　　　　　　　（　　）

A. 正确　　　　　　　　　　　　B. 错误

10. 控制变压器与普通变压器的工作原理相同。　　　　　　　　　　　（　　）

A. 正确　　　　　　　　　　　　B. 错误

11. FX 编程器键盘部分有单功能键和双功能键。　　　　　　　　　　（　　）

A. 正确　　　　　　　　　　　　B. 错误

12. 集成运放具有高可靠性、使用方便、放大性能好的特点。　　　　　（　　）

A. 正确　　　　　　　　　　　　B. 错误

13. 三相异步电动机反接制动时定子绕组中通入单相交流电。　　　　　（　　）

A. 正确　　　　　　　　　　　　B. 错误

14. 接近开关又称无触头行程开关，因此与行程开关的符号完全一样。　（　　）

A. 正确　　　　　　　　　　　　B. 错误

15. 三极管符号中的箭头表示发射结导通时电流的方向。　　　　　　　（　　）

A. 正确　　　　　　　　　　　　B. 错误

16. 串联型稳压电路的调整管工作在开关状态。　　　　　　　　　　　（　　）

A. 正确　　　　　　　　　　　　B. 错误

17. Z3040 摇臂钻床控制电路的电源电压为交流 110V。　　　　　　　（　　）

A. 正确　　　　　　　　　　　　B. 错误

18. 共基极放大电路也具有稳定静态工作点的效果。　　　　　　　　　（　　）

A. 正确　　　　　　　　　　　　B. 错误

19. 创新是企业进步的灵魂。　　　　　　　　　　　　　　　　　　　（　　）

A. 正确　　　　　　　　　　　　B. 错误

20. 低压断路器具有短路和过载的保护作用。　　　　　　　　　　　　（　　）

A. 正确　　　　　　　　　　　　B. 错误

21. 处于截止状态的晶体管，其工作状态为（　　）。

A. 发射结正偏，集电结正偏　　　　B. 发射结反偏，集电结反偏

C. 发射结正偏，集电结反偏　　　　D. 发射结反偏，集电结正偏

22. 调节电桥平衡时，若检流计指针向标有“-”的方向偏转时，则说明（　　）。

A. 通过检流计电流小、应增大比较臂的电阻
B. 通过检流计电流小、应减小比较臂的电阻
C. 通过检流计电流大、应增大比较臂的电阻
D. 通过检流计电流大、应减小比较臂的电阻

23. 直流单臂电桥用于测量中值电阻，直流双臂电桥的测量电阻在（　　）Ω 以下。

A. 20　　B. 1　　C. 10　　D. 30

24. 低频信号发生器的输出有（　　）输出。

A. 电压、功率　　B. 电流、功率　　C. 电压、电流　　D. 电压、电阻

25. 对于每个职工来说，质量管理的主要内容有岗位的质量要求、质量目标、（　　）和质量责任等。

A. 质量记录　　B. 质量水平　　C. 信息反馈　　D. 质量保证措施

26. 就交流电动机各种起动方式的主要技术指标来看，性能最佳的是（　　）。

A. 串电感起动　　B. 串电阻起动　　C. 软起动　　D. 变频起动

27. 富士紧凑型变频器（　　）。

A. G11 系列　　B. FRENIC-Mini　　C. Ells 系列　　D. VG7-UD 系列

28. 单相半波可控整流电路的电源电压为 220V，晶闸管的额定电压要留 2 倍余量，则需选购（　　）的晶闸管。

A. 500V　　B. 300V　　C. 250V　　D. 700V

29. 软起动器的主要参数有：（　　）、电动机功率、每小时允许起动次数及额定功耗等。

A. 额定工作电流　　B. 额定磁通　　C. 额定尺寸　　D. 额定电阻

30. 软起动器的晶闸管调压电路组件主要由动力底座、（　　）限流器、通信模块等选配模块组成。

A. 控制单元　　B. 以太网模块　　C. 输出模块　　D. 输入模块

31. 用于标准电路正常起动设计的西门子软起动器型号是：（　　）。

A. 3RW22　　B. 3RW31　　C. 3RW30　　D. 3RW34

32. SPVM 型变频器的变压变频，通常是通过改变（　　）来实现的。

A. 参考信号和载波信号两者的幅值和频率
B. 载波信号三角波的幅值和频率
C. 参考信号的幅值和载波信号的频率
D. 参考信号正弦值的幅值和频率

33. 变频器是把电压、频率固定的交流电变换成（　　）可调的交流电的变换器。

A. 电压、电流　　B. 电流、频率　　C. 电压、频率　　D. 相位、频率

34. PLC 在程序执行阶段，输入信号的改变会在（　　）扫描周期读入。

A. 下两个　　B. 当前　　C. 下一个　　D. 下三个

35. PLC（　　）阶段逻辑解读的结果，通过输出部件输出给现场的受控元件。

A. 程序执行　　B. 输入采样　　C. 输出采样　　D. 输出刷新

36. 单片集成功率放大器件的功率通常在（　　）W 左右。

A. 5　　B. 1　　C. 10　　D. 8

37. 为避免程序和（　　）丢失，可编程序控制器装有锂电池，当锂电池电压降至相应的信号灯亮时，要及时更换电池。

A. 指令　　B. 房号　　C. 地址　　D. 数据

38. 用 PLC 控制可以节省大量继电器-接触器控制电路中的（　　）。

A. 中间继电器和时间继电器　　B. 熔断器

C. 交流接触器　　D. 开关

39. FX_{2N} 可编程序控制器 DC 输入型，输入电压额定值为（　　）。

A. AC 12V　　B. DC 24V　　C. DC 36V　　D. AC 24V

40. FX_{2N}-40ER 可编程序控制器中的 E 表示（　　）。

A. 单元类型　　B. 扩展单元　　C. 基本单元　　D. 输出类型

41. C6150 车床控制电路无法工作的原因是（　　）。

A. 接触器 KM2 损坏　　B. 控制变压器 TC 损坏

C. 接触器 KM1 损坏　　D. 三位置自动复位开关 SA1 损坏

42. 可编程序控制器在 STOP 模式下，不执行（　　）。

A. 用户程序　　B. 输入采样　　C. 输出采样　　D. 输出刷新

43. 双向晶闸管一般用于（　　）电路。

A. 三相可控整流　　B. 直流调压　　C. 单相可控整流　　D. 交流调压

44. 可编程序控制器系统是由（　　）和程序存储器等组成。

A. 基本单元、扩展单元、用户程序　　B. 基本单元、扩展单元、编程器

C. 基本单元、编程器、用户程序　　D. 基本单元、扩展单元、编程器、用户程序

45. 理想集成运放输出电阻为（　　）。

A. 0　　B. 100Ω　　C. 10Ω　　D. 1kΩ

46. 下列故障原因中（　　）会造成直流电动机不能起动。

A. 电刷架位置不对　　B. 电源电压过低

C. 励磁回路电阻过大　　D. 电源电压过高

47. 同步电动机可采用的起动方法是（　　）。

A. Y-△起动法　　B. 异步起动法

C. 转子串频敏变阻器起动　　D. 转子串三级电阻起动

48. 三相异步电动机再生制动时，将机械能转换为电能，回馈到（　　）。

A. 电网　　B. 转子绕组　　C. 负载　　D. 定子绕组

49. 直流电动机的定子由机座、主磁极、换向极、（　　）、端盖等组成。

A. 电枢　　B. 电刷装置　　C. 转轴　　D. 换向器

50. 直流电动机弱磁调速时，转速只能从额定转速（　　）。

A. 降低为原来的 50%　　B. 开始反转

C. 往上升　　D. 往下降

51. 三相异步电动机能耗制动时，机械能转换为电能并消耗在（　　）回路的电阻上。

A. 定子　　B. 控制　　C. 励磁　　D. 转子

52. 下列不属于位置控制电路的是（　　）。

A. 电梯的开关门电路　　B. 龙门刨床的自动往返控制电路

C. 走廊照明灯的两处控制电路　　　　D. 工厂车间里行车的终点保护电路

53. 位置控制就是利用生产机械运动部件上的（　　）与位置开关碰撞来控制电动机的工作状态的。

A. 按钮　　B. 红外线　　C. 挡铁　　D. 超声波

54. 下面说法中正确的是（　　）。

A. 服装价格的高低反映了员工的社会地位

B. 上班时要按规定穿整洁的工作服

C. 上班穿什么衣服是个人的自由

D. 女职工应该穿漂亮的衣服上班

55. 企业员工在生产经营活动中，不符合团结合作要求的是（　　）。

A. 真诚相待，一视同仁　　B. 互相借鉴，取长补短

C. 男女有序，尊卑有别　　D. 男女平等，友爱亲善

56. 电气控制电路中的停止按钮应选用（　　）颜色。

A. 蓝　　B. 红　　C. 绿　　D. 黑

57. 喷灯点火时，（　　）严禁站人。

A. 喷嘴后　　B. 喷灯前　　C. 喷灯左侧　　D. 喷灯右侧

58. 用于指示电动机正处在旋转状态的指示灯颜色应选用（　　）。

A. 蓝色　　B. 红色　　C. 紫色　　D. 绿色

59. 基极电流的数值较大时，易引起静态工作点 Q 接近（　　）。

A. 截止区　　B. 饱和区　　C. 死区　　D. 交越失真

60. 变压器油属于（　　）。

A. 气体绝缘材料　　B. 液体绝缘材料

C. 固体绝缘材料　　D. 导体绝缘材料

61. 直流单臂电桥测量几欧姆电阻时，比率应选为（　　）。

A. 0.1　　B. 0.01　　C. 0.001　　D. 1

62. 磁性开关的图形符号中，其菱形部分与常开触头部分用（　　）相连。

A. 双虚线　　B. 实线　　C. 虚线　　D. 双实线

63. FX_{2N} 系列可编程序控制器输入隔离采用的形式是（　　）。

A. 继电器　　B. 光电耦合器　　C. 晶体管　　D. 晶闸管

64. 单结晶体管的结构中有（　　）个 PN 结。

A. 1　　B. 3　　C. 4　　D. 2

65. 可编程序控制器在输入端使用了（　　），来提高系统的抗干扰能力。

A. 晶体管　　B. 晶闸管　　C. 继电器　　D. 光电耦合器

66. 普通晶闸管是（　　）半导体结构。

A. 三层　　B. 五层　　C. 四层　　D. 二层

67. 对于一般工作条件下的异步电动机，所用热继电器热元件的额定电流可选为电动机额定电流的（　　）倍。

A. 0.95~1.05　　B. 0.85~0.95　　C. 1.05~1.15　　D. 1.15~1.50

68. 增式光电编码器主要由（　　）、码盘、检测光栅、光电检测器件和转换电路组成。

A. 脉冲发生器　　B. 运算放大器　　C. 光敏晶体管　　D. 光源

69. 软起动器主电路中接三相异步电动机的端子是（　）。

A. X、Y、Z　　B. Up、V1、W1　　C. L1、L2、L3　　D. A、B、C

70. 下列（　）场所，有可能造成光敏开关的误动作，应尽量避开。

A. 气压低　　B. 高层建筑　　C. 办公室　　D. 灰尘较多

71. 磁性开关在使用时要注意磁铁与干簧管之间的有效距离在（　）左右。

A. 10mm　　B. 10dm　　C. 10cm　　D. 1mm

72. 增量式光电编码器的振动，往往成为（　）发生的原因。

A. 开路　　B. 短路　　C. 误脉冲　　D. 高压

73. M7130 平面磨床中，砂轮电动机和液压泵电动机都采用了（　）正转控制电路。

A. 接触器互锁　　B. 按钮互锁　　C. 接触器自锁　　D. 时间继电器

74. 当检测远距离的物体时，应优先选用（　）光电开关。

A. 漫反射式　　B. 光纤式　　C. 对射式　　D. 槽式

75. 磁性开关用于（　）场所时应选金属材质的器件。

A. 强酸强碱　　B. 真空低压　　C. 化工企业　　D. 高温高压

76. Z3040 摇臂钻床主电路中有四台电动机，用了（　）个接触器。

A. 4　　B. 5　　C. 6　　D. 3

77. Z3040 摇臂钻床中利用（　）实现升降电动机断开电源完全停止后才开始夹紧的联锁。

A. 时间继电器　　B. 行程开关　　C. 继电器　　D. 控制按钮

78. 根据电动机正反转梯形图，下列指令正确的是（　）。

```
    X000    X001    X002    Y002
0 ──┤ ├──┬──┤/├────┤/├────┤/├──────────────(Y001 )─
         │
    Y001 │
  ──┤ ├──┘
```

A. LDI X000　　B. OR Y001　　C. AND X001　　D. AND X002

79. 增量式光电编码器根据输出信号的可靠性选型时要考虑（　）。

A. 最大分辨速度　　B. 环境温度　　C. 电源频率　　D. 空间高度

80. C6150 车床的 4 台电动机中，配线最粗的是（　）。

A. 主轴电动机　　B. 快速移动电动机

C. 冷却液电动机　　D. 润滑泵电动机

81. C6150 车床主轴电动机的正反转控制线路具有（　）互锁功能。

A. 中间继电器　　B. 行程开关　　C. 速度继电器　　D. 接触器

82. Z3040 摇臂钻床中的主轴电动机，（　）。

A. 由接触器 KM1 控制点动工作　　B. 由接触器 KM1 和 KM2 控制正反转

C. 由接触器 KM1 控制单向旋转　　D. 由接触器 KM1 和 KM2 控制点动正反转

83. 根据电动机顺序起动梯形图，下列指令正确的是（　）。

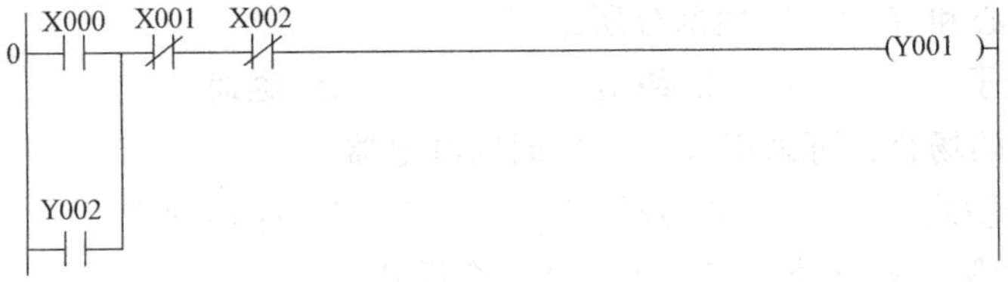

X000 X001 X002
0
Y001
Y002

A. OUT Y002　　B. AND X001　　C. LDI T20　　D. AND X002

84. 固定偏置共射极放大电路，已知 $R=300\mathrm{k}\Omega$，$R=4\mathrm{k}\Omega$，$V_{CC}=12\mathrm{V}$，$\beta=50$，则 I_{BQ} 为（　　）。

A. 40mA　　B. 30μA　　C. 40μA　　D. 10μA

85. 下列逻辑门电路需要外接上拉电阻才能正常工作的是（　　）。

A. OC 门　　B. 或非门　　C. 与非门　　D. 与或非门

86. 单结晶体管触发电路通过调节（　　）来调节控制角 α。

A. 变压器　　B. 电容器　　C. 电位器　　D. 电抗器

87. M7130 平面磨床的主电路中有（　　）电动机。

A. 一台　　B. 两台　　C. 三台　　D. 四台

88. 单相半波可控整流电路的输出电压范围是（　　）。

A. $1.35U_2\sim0$　　B. $U_2\sim0$　　C. $0.9U_2\sim0$　　D. $0.45U_2\sim0$

89. 单相桥式可控整流电路电感性负载带续流二极管时，晶闸管的导通角为（　　）。

A. $180°-\alpha$　　B. $90°-\alpha$　　C. $90°+\alpha$　　D. $180°+\alpha$

90. 三相异步电动机工作时，其电磁转矩是由旋转磁场与（　　）共同作用产生的。

A. 转子电压　　B. 转子电流　　C. 定子电流　　D. 电源电压

91. 下列说法中，不符合语言规范具体要求的是（　　）。

A. 语速适中，不快不慢　　B. 用尊称，不用忌语

C. 语感自然，不呆板　　D. 多使用幽默语言，调节气氛

92. 坚持办事公道，要努力做到（　　）。

A. 公正公平　　B. 有求必应　　C. 公私不分　　D. 全面公开

93. 电功率的法定计量单位为（　　）。

A. 度　　B. 伏安　　C. 焦耳　　D. 瓦

94. 使用电解电容时，（　　）。

A. 负极接高电位，负极也可以接低电位

B. 正极接高电位，负极接低电位

C. 负极接高电位，正极接低电位

D. 不分正负极

95. 分压式偏置共射放大电路，更换 β 大的管子，其静态值 U_{CEO} 会（　　）。

A. 变小　　B. 不变　　C. 增大　　D. 无法确定

96. 三相异步电动机具有（　　）、工作可靠、重量轻、价格低等优点。

A. 结构复杂　　B. 调速性能好　　C. 交直流两用　　D. 结构简单

97. 测量直流电流时应注意电流表的（　　）。

A. 量程及极性　　B. 极性　　C. 量程　　D. 误差

98. 变压器的器身主要由铁心和（　　）两部分所组成。

A. 定子　　B. 转子　　C. 绕组　　D. 磁通

99. 对于延时精度要求较高的场合，可采用（　　）时间继电器。

A. 空气阻尼式　　B. 电动式　　C. 液压式　　D. 晶体管式

100. 在超高压线路下或设备附近站立或行走的人，往往会感到（　　）。

A. 电弧烧伤　　B. 刺痛感、毛发耸立

C. 不舒服、电击　　D. 电伤、精神紧张

附录 C　电工职业技能等级证书理论测试模拟题（二）

1. 交-直-交变频器主电路的组成包括：整流电路、滤波环节、制动电路、逆变电路。（　　）

A. 正确　　B. 错误

2. 软起动器的起动转矩比变频起动方式要大。（　　）

A. 正确　　B. 错误

3. 直流单臂电桥又称为惠斯登电桥，能准确测大值电阻。（　　）

A. 正确　　B. 错误

4. 在做 PLC 系统设计时，为了降低成本，I/O 点数应该正好等于系统计算的点数。（　　）

A. 正确　　B. 错误

5. 二极管两端上正触压就一定会导通。（　　）

A. 正确　　B. 错误

6. 可编程序控制器停止时，扫描工作过程即停止。（　　）

A. 正确　　B. 错误

7. 三相异步电动机的转向与旋转磁场的方向相反时，工作在再生制动状态。（　　）

A. 正确　　B. 错误

8. 三相异步电动机的位置控制电路中一定有速度继电器。（　　）

A. 正确　　B. 错误

9. 职业活动中，每位员工都必须严格执行安全操作规程。（　　）

A. 正确　　B. 错误

10. 控制变压器与普通变压器的工作原理相同。（　　）

A. 正确　　B. 错误

11. PLC 之所以具有较强的抗干扰能力，是因 PLC 输入端采用了继电器输入方式。（　　）

A. 正确　　B. 错误

12. 集成运放不仅能应用于普通的运算电路，还能用于其他场合。（　　）

A. 正确　　B. 错误

13. 增量式光电编码器主要由光源、码盘、检测光栅、光电检测器件和转换电路组成。 （　　）

A. 正确　　　　B. 错误

14. 采成电路技术和 SIT 表面安装工艺而制造的新一代光电开关器件，具有延时、展宽、外同、抗相互干扰、可靠性高、工作区域稳定和自诊断等智能化功能。 （　　）

A. 正确　　　　B. 错误

15. Z3040 摇臂钻床的主轴电动机仅作单向旋转，由接触器 KM1 控制。 （　　）

A. 正确　　　　B. 错误

16. 放大电路的信号波形会受元件参数及温度影响。 （　　）

A. 正确　　　　B. 错误

17. 多级放大电路间的耦合方式是指信号的放大关系。 （　　）

A. 正确　　　　B. 错误

18. Z3040 摇臂钻床冷却泵电动机的手动开关安装在工作台上。 （　　）

A. 正确　　　　B. 错误

19. 向企业员工灌输的职业道德太多了，容易使员工产生谨小慎微的观念。 （　　）

A. 正确　　　　B. 错误

20. 三相异步电动机具有结构简单、工作可靠、功率因数高、调速性能好等特点。 （　　）

A. 正确　　　　B. 错误

21. 岗位的质量要求，通常包括操作程序，（　　），工艺规程及参数控制等。

A. 工作内容　　B. 工作目的　　C. 工作计划　　D. 操作重点

22. 软起动器的功能调节参数有：运行参数、（　　）、停车参数。

A. 起动参数　　B. 电子参数　　C. 电阻参数　　D. 电源参数

23. 直流单臂电桥测量十几欧姆电阻时，比率应选为（　　）。

A. 0.1　　B. 0.01　　C. 0.001　　D. 1

24. 手持式数字万用表的 A-D 转换电路通常采用（　　）电路。

A. 比较串联型　　B. 逐次逼近型　　C. 积分型　　D. 比较并联型

25. 三相异步电动机能耗制动的过程可用（　　）来控制。

A. 热继电器　　B. 电流继电器　　C. 电压继电器　　D. 时间继电器

26. 用于标准电路正常起动设计的西门子软起动器型号是：（　　）。

A. 3RW22　　B. 3RW31　　C. 3RW34　　D. 3RW30

27. Z3040 摇臂钻床中利用（　　）实现升降电动机断开电源完全停止后才开始夹紧的联锁。

A. 行程开关　　B. 时间继电器　　C. 电压继电器　　D. 控制按钮

28. 直流双臂电桥共有（　　）接头。

A. 6　　B. 3　　C. 2　　D. 4

29. 光电开关的发射器部分包含（　　）。

A. 光电晶体管　　B. 计数器　　C. 解调器　　D. 发光二极管

30. 直流单臂电桥用于测量中值电阻，直流双臂电桥的测量电阻在（　　）Ω 以下。

A. 20　　　　　B. 1　　　　　C. 10　　　　　D. 30

31. 接通主电源后，软起动器虽处于待机状态，但电动机有嗡嗡响。此故障不可能的原因是（　　）。

A. 晶闸管短路故障　　　　　B. 旁路接触器有触点粘连

C. 触发电路不工作　　　　　D. 起动线路接线错误

32. 软起动器中晶闸管调压电路采用（　　）时，主电路中电流谐波最小。

A. 三相半控Y联结　　　　　B. 三相不可控Y联结

C. 三相全控Y联结　　　　　D. 星形-三角形联结

33. 下面说法中正确的是（　　）。

A. 上班时要按规定穿整洁的工作服

B. 服装价格的高低反映了员工的社会地位

C. 上班穿什么衣服是个人的自由

D. 女职工应该穿漂亮的衣服上班

34. FX_{2N}-40ER 可编程序控制器中 E 表示（　　）。

A. 扩展单元　　　B. 单元类型　　　C. 基本单元　　　D. 输出类型

35. 对于复杂的 PLC 梯形图设计时，一般采用（　　）。

A. 中断程序　　　B. 顺序控制设计法　C. 经验法　　　D. 子程序

36. FX 编程器的显示内容包括地址、数据、工作方式、（　　）情况和系统工作状态等。

A. 程序　　　　B. 参数　　　　C. 位移储存器　　　D. 指令执行

37. 可编程序控制器的特点是（　　）。

A. 数字运算、计时编程简单，操作方便，维修容易，不易发生操作失误

B. 统计运算、计时、计数采用了一系列可靠性设计

C. 不需要大量的活动部件和电子元件，接线大减少，维修简单，性能可靠

D. 其他选项都是

38. 根据电动机顺序起动梯形图，下列指令正确的是（　　）。

0　X000　X001　X002　Y002　(Y001)

Y001

A. OUT Y002　　　B. AND X001　　　C. LDI T20　　　D. AND X002

39. 三相异步电动机能耗制动时（　　）中通入直流电。

A. 励磁绕组　　　B. 定子绕组　　　C. 转子绕组　　　D. 补偿绕组

40. 基极电流 I_B 的数值较大时，易引起静态工作点 Q 接近（　　）。

A. 死区　　　　B. 截止区　　　　C. 饱和区　　　　D. 交越失真

41. （　　）是 PLC 主机的技术性能范围。

A. 温度传感器　　B. 光电传感器　　C. 行程开关　　D. 内部标志位

42. 为避免程序和（　　）丢失，可编程序控制器装有锂电池，当锂电池电压降压至相应的信号灯亮时，要及时更换电池。

A. 指令　　B. 序号　　C. 地址　　D. 数据

43. 检查电源（　　）波动范围是否在 PLC 系统允许的范围内，否则加交流稳压器。

A. 效率　　B. 电流　　C. 电压　　D. 频率

44. 用 PLC 控制可以节省大量继电器接触器控制电路中的（　　）。

A. 开关　　B. 熔断器

C. 交流接触器　　D. 中间继电器和时间继电器

45. 可编程序控制器系统是由（　　）和程序存储器等组成。

A. 基本单元、扩展单元、编程器　　B. 基本单元、扩展单元、用户程序

C. 基本单元、编程器、用户程序　　D. 基本单元、扩展单元、编程器、用户程序

46. 直流电动机降低电枢电压调速时，属于（　　）调速方式。

A. 通风机　　B. 恒功率　　C. 泵类　　D. 恒转矩

47. 下列（　　）场所，有可能造成光电开关的误动作，应尽量避开。

A. 气压低　　B. 高层建筑　　C. 办公室　　D. 灰尘较多

48. 下列故障原因中（　　）会造成直流电动机不能起动。

A. 电刷架位置不对　　B. 电源电压过低

C. 电源电压过高　　D. 励磁回路电阻过大

49. 单相桥式可控整流电路电感性负载，当控制角 α=(　　) 时，续流二极管中的电流与晶闸管中的电流相等。

A. 120°　　B. 60°　　C. 90°　　D. 300°

50. 三相异步电动机反接制动，转速接近零时要立即断开电源，否则电动机会（　　）。

A. 短路　　B. 飞车　　C. 反转　　D. 烧坏

51. 固定偏置共射极放大电路，已知 $R_B=300\text{k}\Omega$，$R_C=4\text{k}\Omega$，$V_{CC}=12\text{V}$，$\beta=50$，则 I_{CEO} 为（　　）。

A. 40mA　　B. 30μA　　C. 40μA　　D. 10μA

52. 同步电动机可采用的起动方法是（　　）。

A. 转子串频敏变阻器起动　　B. 转子串三级电阻起动

C. Y-△起动法　　D. 异步起动法

53. 根据电动机正反转梯形图，下列指令正确的是（　　）。

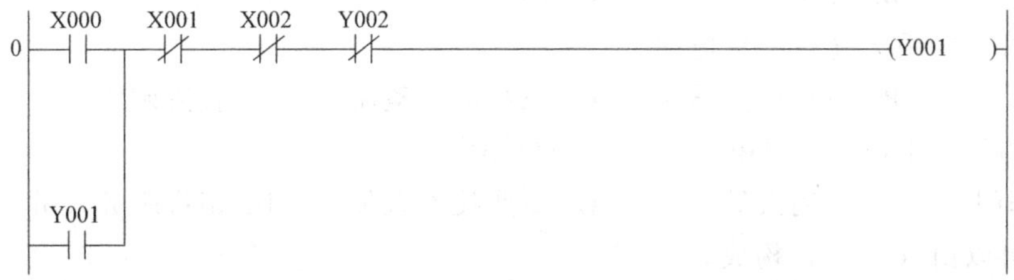

0　X000　X001　X002　Y002　(Y001　)

Y001

A. AND X001　　B. LDI X000　　C. OR Y001　　D. AND X002

54. 变频器是把电压、频率固定的交流电变换成（　　）可调的交流电的变换器。

A. 电压、电流　　B. 电流、频率　　C. 电压、频率　　D. 相位、频率

55. 符合文明生产要求的做法是（　　）。

A. 工具使用后随意摆放

B. 下班前搞好工作现场的环境卫生

C. 为了提高生产效率，增加工身损坏率

D. 冒险带电作业

56. 接触器的额定电流应不小于被控电路的（　　）。

A. 最大电流　　B. 负载电流　　C. 额定电流　　D. 峰值电流

57. 控制两台电动机错时停止的场合，可采用（　　）时间继电器。

A. 气动型　　B. 断电延时型　　C. 通电延时型　　D. 液压型

58. 控制和保护含半导体器件的直流电路中宜选用（　　）断路器。

A. 框架式　　B. 限流型　　C. 塑壳式　　D. 直流快速断路器

59. 压力继电器选用时首先要考虑所测对象的压力范围，还要符合电路中的额定电压，（　　），所测管路接口管径的大小。

A. 触头的率因数　　B. 触头的电阻率　　C. 触头的绝缘等级　　D. 触头的电流容量

60. 变压器油属于（　　）。

A. 气体绝缘材料　　B. 液体绝缘材料　　C. 固体绝缘材料　　D. 导体绝缘材料

61. 软起动器具有轻载节能运行功能的关键在于（　　）。

A. 提高电压来降低气隙磁通　　B. 选择最佳电流来降低气隙磁通

C. 选择最佳电压来降低气隙磁通　　D. 降低电压来降低气隙磁通

62. 如图所示，为（　　）晶体管图形符号。

A. 开关　　B. 发光　　C. 放大　　D. 光敏

63. 单结晶体管的结构中有（　　）个 PN 结。

A. 1　　B. 3　　C. 4　　D. 2

64. 普通晶闸管的额定电流是以工频正弦半波电流的（　　）来表示的。

A. 最大值　　B. 有效值　　C. 最小值　　D. 平均值

65. 普通晶闸管是（　　）半导体结构。

A. 三层　　B. 五层　　C. 四层　　D. 二层

66. 双向晶闸管一般用于（　　）电路。

A. 交流调压　　B. 单相可控整流　　C. 三相可控整流　　D. 直流调压

67. 软起动器的日常维护一定要由（　　）进行操作。

A. 设备管理部门　　B. 使用人员　　C. 专业技术人员　　D. 销售服务人员

68. 磁性开关可以由（　　）构成。

A. 永久磁铁和干簧管　　B. 二极管和晶体管

C. 继电器和电磁铁　　D. 晶体管和继电器

69. 增量式光电编码器的振动，往往是（　　）发生的原因。

A. 开路　　B. 短路　　C. 误脉冲　　D. 高压

70. 当检测远距离的物体时，应优先选用（　　）光电开关。

A. 对射式　　B. 槽式　　C. 光式　　D. 漫反射式

71. M7130 平面磨床中，电磁吸盘 YH 工作后砂轮和（　　）才能进行磨削工。

A. 照明变压器　　B. 加热器　　C. 工作台　　D. 照明灯

72. 磁性开关干簧管内两个铁质弹性簧片的接通与断开是由（　　）控制的。

A. 电磁铁　　B. 按钮　　C. 接触器　　D. 永磁铁

73. 增量式光电编码器用于采集固定脉冲信号，因此旋转角度的起始位置（　　）。

A. 使用前设定后不能变　　B. 可以任意设定

C. 是出厂时设定的　　D. 固定在码盘上

74. FX_{2N} 系列可编程序控制器输入隔离采用的形式是（　　）。

A. 晶体管　　B. 光电耦合器　　C. 晶闸管　　D. 继电器

75. M7130 平面磨床中，砂轮电动机和液压泵电动机都采用了接触器（　　）控制电路。

A. 互锁正转　　B. 自锁正转　　C. 自锁反转　　D. 互锁反转

76. C6150 车床控制电路无法工作的原因是　　（　　）

A. 接触器 KM2 损坏　　B. 控制变压器 TC 损坏

C. 接触器 KM1 损坏　　D. 三位置自动复位开关 SA1 损坏

77. C6150 车床电气控制线路中的变压器有（　　）引出线。

A. 8 根　　B. 7 根　　C. 6 根　　D. 9 根

78. Z3040 摇臂钻床中摇臂不能夹紧的可能原因是（　　）。

A. 时间继电器定时不合适　　B. 行程开关 SQ3 位置不当

C. 速度继电器位置不当　　D. 主轴电动机故障

79. 光电开关的接收器根据所接收到的（　　）对目标物体实现探测，产生开关信号。

A. 电流大小　　B. 光线强弱　　C. 电压大小　　D. 频率高低

80. 直流电动机的转子由电枢铁心、电枢绕组、（　　）、转轴等组成。

A. 主磁极　　B. 换向极　　C. 接线盒　　D. 换向器

81. M7130 平面磨床的三台电动机都不能起动的原因之一是（　　）。

A. 欠电流继电器 KUC 的触点接触不良

B. 接触器 KM1 损坏

C. 接触器 KM2 损坏

D. 接插器 X1 损坏

82. 串联型稳压电路的取样电路与负载的关系为（　　）连接。

A. 混联　　B. 并联　　C. 串联　　D. 星型

83. 为了以减小信号源的输出电流，降低信号源负担，常用共集电极放大电路的（　　）特性。

A. 输出电阻大　　B. 输入电阻小　　C. 输入电阻大　　D. 输出电阻小

84. LC 选频振荡电路达到谐振时，选频电路的相位移为（　　）度。

A. 0　　B. 90　　C. 180　　D. -90

85. RC 选频振荡电路适合（　　）kHz 以下的低频电路。

A. 200　　B. 50　　C. 1000　　D. 100

86. 三相笼型异步电动机电源反接制动时需要在（　　）中串入限流电阻。

A. 控制回路　　B. 定子回路　　C. 直流回路　　D. 转子回路

87. Z3040 摇臂钻床中摇臂不能升降的原因是液压泵转向不对时，应（　　）。

A. 更换液压泵　　B. 重接电源相序

C. 调整位置开关 SQ2 位置　　D. 调整位置开关 SQ3 位置

88. 测量电压时应将电压表（　　）电路。

A. 并联接入或串联接入　　B. 混联接入

C. 串联接入　　D. 并联接入

89. 基本频率是变频器对电动机进行恒功率控制和恒转矩控制的分界线，应按（　　）设定。

A. 上限工作频率

B. 电动机的允许最高频率

C. 电动机额定电压时允许的最小频率

D. 电动机的额定电压时允许的最高频率

90. 单片集成功率放大器件的功率通常在（　　）W 左右。

A. 8　　B. 1　　C. 10　　D. 5

91. 分压式偏置共射放大电路，更换 β 大的管子，其静态值 U_{ceq} 会（　　）。

A. 不变　　B. 变小　　C. 增大　　D. 无法确定

92. 下列关于诚实守信的认识和判断中，正确的选项是（　　）。

A. 是否诚实守信要视具体对象而定

B. 诚实守信是维持市场经济秩序的基本法则

C. 一贯地诚实守信是不明智的行为

D. 追求利益最大化原则高于诚实守信

93. 关于创新的论述，正确的是（　　）。

A. 创新是企业进步的灵魂　　B. 创新就是独立自主

C. 创新就是出新花样　　D. 创新不需要引进外国的新技术

94. 三相异步电动机的起停控制电路由电源开关、熔断器、（　　）、热继电器、按钮等组成。

A. 交流接触器　　B. 速度继电器　　C. 时间继电器　　D. 漏电保护器

95. 在（　　），磁力线由 S 极指向 N 极。

A. 磁体内部　　B. 磁场两端　　C. 磁场外部　　D. 磁场一端到另一端

96. 刀开关的文字符号是（　　）。

A. KM　　B. SQ　　C. QS　　D. SA

97. 电位是相对量，随参考点的改变而改变，而电压是（　　），不随参考点的改变而改变。

A. 绝对量　　B. 变量　　C. 衡量　　D. 相对量

98. 使用电解电容时（　　）。

A. 负极接高电位，负极也可以接高电位

B. 正极接高电位，负极接低电位

C. 负极接高电位，正极接低电位

D. 不分正负极

99. 人体触电后，会出现（　　）。

A. 心脏停止跳动　　B. 呼吸中断

C. 神经麻痹　　D. 其他选项都是

100. 钢丝钳（电工钳子）一般用在（　　）操作的场合。

A. 低温　　B. 高温　　C. 带电　　D. 不带电

附录D　电工职业技能等级证书理论测试模拟题（三）

1. 变压器既能改变交变电压，又能改变直流电压。（　　）

A. 正确　　B. 错误

2. 维修电工以电气原理图，安装接线图和平面布置图最为重要。（　　）

A. 正确　　B. 错误

3. 正弦交流电路的视在功率等于有功功率和无功功率之和。（　　）

A. 正确　　B. 错误

2Ω　A　12V　2A　B

4. 如图所示，A、B 两点间的电压 U_{AB} 为（　　）。

A. −18V　　B. +18V　　C. −6V　　D. 8V

5. 电功的法定计量单位为（　　）。

A. 焦耳　　B. 伏安　　C. 度　　D. 瓦

6. 有“220V、100W”和“220V、25W”白炽灯两盏，串联后接入 220V 交流电源，其亮度情况是（　　）。

A. 100W 灯泡最亮　　B. 25W 灯泡最亮

C. 两只灯泡一样亮　　D. 两只灯泡一样暗

7. 电位是相对量，随参考点的改变而改变，而电压是（　　），不随参考点的改变而改变。

A. 衡量　　B. 变量　　C. 绝对量　　D. 相对量

8. 交流接触器的文字符号是（　　）。

A. QS　　B. SQ　　C. SA　　D. KM

9. 变压器的基本作用是在交流电路中变电压、交电流、变阻抗、（　　）和电气隔离。

A. 变磁通　　B. 变相位　　C. 变功率　　D. 变频率

10. 三相异步电动机工作时，转子绕组中流过的是（　　）。

A. 交流电　　B. 直流电　　C. 无线电　　D. 脉冲电

11. 电容器上标注 104J 的 J 的含义为（　　）。

A. ±2%　　B. ±10%　　C. ±5%　　D. ±15%

12. 电伤伤害是造成触电死亡的主要原因，是最严重的触电事故。（　　）

A. 正确　　B. 错误

13. 雷击是一种自然灾害，具有很多的破坏性。（　　）

A. 正确　　B. 错误

14. 触电急救的要点是动作迅速，救护得法，发现有人触电，首先使触电者尽快脱离电源。（　　）

A. 正确　　B. 错误

15. 电气火灾后，应该尽快用水灭火。（　　）

A. 正确　　B. 错误

16. 人体触电的方式多种多样归纳起来可以分为直接接触触电和间接接触触电两种。（　　）

A. 正确　　B. 错误

17. 用以防止触电的安全用具应定期做耐压试验，有些高压辅助安全用具不要做泄漏电流试验。（　　）

A. 正确　　B. 错误

18. 登高作业安全用具，应定期做静拉力试验，起重工具应做静荷重试验。（　　）

A. 正确　　B. 错误

19. 在超高压线路下或设备附近站立或行走的人，往往会感到（　　）。

A. 不舒服、电击　　B. 刺痛感、毛发耸立

C. 电伤、精神紧张　　D. 电弧烧伤

20. 喷灯是一种利用燃料对工件进行加工的工具，常用于锡焊。（　　）

A. 正确　　B. 错误

21. 扳手的主要功能是拧螺栓和螺母。（　　）

A. 正确　　B. 错误

22. 钢丝钳（电工钳子）一般用在（　　）操作的场合。

A. 低温　　B. 高温　　C. 带电　　D. 不带电

23. 活动扳手可以拧（　　）规格的螺母。

A. 一种　　B. 两种　　C. 几种　　D. 各种

24. 测量电压时，电压表的内阻越小，测量准确度越高。（　　）

A. 正确　　B. 错误

25. 一般万用表可以测量直流电电压、交流电压、直流电流、电阻、功率等物理量。（　　）

A. 正确　　B. 错误

26. 电工仪表按工作原理分为（　　）等。

A. 磁电系　　B. 电磁系　　C. 电动系　　D. 其他选项都是

27. 根据仪表测量对象的名称分为（　　）等。

A. 电压表、电流表、功率表、电度表
B. 电压表、欧姆表、示波器
C. 电流表、电压表、信号发生器
D. 功率表、电流表、示波器
28. 喷灯是一种利用燃烧对工作进行加工的工具，常用焊锡。（ ）
A. 正确 B. 错误
29. 扳手的主要功能是拧螺栓和螺母。（ ）
A. 正确 B. 错误
30. 钢丝钳（电工钳子）一般用在（ ）操作场合。
A. 低温 B. 高温 C. 带电 D. 不带电
31. 活动扳手可以拧（ ）规格的螺母。
A. 一种 B. 二种 C. 几种 D. 各种
32. 二极管的图形符号表示正偏导通时的方向。（ ）
A. 正确 B. 错误
33. 单相整流是将交流电变为大小及方向均不变的直流电。（ ）
A. 正确 B. 错误
34. 放大电路通常工作在小信号状态下，功放电路通常工作在极限状态下。（ ）
A. 正确 B. 错误
35. 负反馈能改善放大电路的性能指标，但放大倍数并没有受到影响。（ ）
A. 正确 B. 错误
36. 二极管只要工作在反向击穿区，一定被击穿。（ ）
A. 正确 B. 错误
37. 长时间与强噪声接触，人会感到烦躁不安，甚至丧失理智。（ ）
A. 正确 B. 错误
38. 当锉刀拉回时，应稍微抬起，以免磨钝锉齿或划伤工件表面。（ ）
A. 正确 B. 错误
39. 影响人类生活环境的电磁污染源，可分为自然的和人为的两大类。（ ）
A. 正确 B. 错误
40. 落地扇、手钻等移动式用电设备一定要安装使用漏电保护开关。（ ）
A. 正确 B. 错误
41. 环境污染的形式主要有大气污染、水污染、噪声污染等。（ ）
A. 正确 B. 错误
42. 在开始攻螺纹或套螺纹，要尽量把丝锥或板牙放正，当切入 1~2 圈时，在仔细观察和校正对工件的垂直度。（ ）
A. 正确 B. 错误
43. 岗位的质量要求，通常包括操作程序，（ ），工艺规程及参数控制等。
A. 工作计划 B. 工作目的 C. 工作内容 D. 操作重点
44. 劳动者患病或负伤，在规定的医疗期内的，用人单位不得解除劳动合同。（ ）
A. 正确 B. 错误

45. 劳动者的基本义务中应包括遵守职业道德。（　　）

A. 正确　　B. 错误

46. 劳动者具有在劳动中获得劳动安全和劳动卫生保护的权利。（　　）

A. 正确　　B. 错误

47. 劳动安全卫生管理制度对未成年人给予了特殊的劳动保护，这其中的未成年工是指年满16周岁未满（　　）的人。

A. 14周岁　　B. 15周岁　　C. 17周岁　　D. 18周岁

48. 劳动者解除劳动合同，应当提前（　　）以书面形式通知用人单位。

A. 5日　　B. 10日　　C. 15日　　D. 30日

49. 劳动安全卫生管理制度对未成年人给予了特殊的劳动保护，这其中的未成年工是指年满（　　）周岁未满18周岁的人。

A. 14周岁　　B. 15周岁　　C. 16周岁　　D. 17周岁

50. 劳动者的基本义务包括（　　）等。

A. 遵守劳动纪律　　B. 获得劳动报酬　　C. 休息　　D. 休假

51. 劳动者的基本权利包括（　　）等。

A. 完成劳动任务　　B. 提高职业技能　　C. 请假外出　　D. 提高劳动争议处理

52. 盗窃电能的，由电力管理部门责令停止违法行为，追缴电费并处应交电费（　　）以下的罚款。

A. 三倍　　B. 十倍　　C. 四倍　　D. 五倍

53. 职业道德通过（　　），起着增强企业凝聚力的作用。

A. 协调员工之间的关系　　B. 增加职工福利

C. 为员工创造发展空间　　D. 调节企业与社会的关系

54. 下列关于诚实守信的认识和判断中，正确的选型是（　　）。

A. 一贯的诚实守信是不明智的行为

B. 诚实守信是维持市场经济秩序的基本法则

C. 是否诚实守信要视具体对象而定

D. 追求利益最大化原则高于诚实守信

55. 下列关于勤劳节俭的论述中，不正确的选项是（　　）。

A. 勤劳节俭能够促进经济和社会发展

B. 勤劳是现代市场经济需要的，而节俭则不宜提倡

C. 勤劳和节俭符合可持续发展的要求

D. 勤劳节俭有利于企业增效

56. 下列说法中，不符合语言规范具体要求的是（　　）。

A. 语感自然，不呆板　　B. 用尊称，不用忌语

C. 语速适中，不快不慢　　D. 多使用幽默语言，调节气氛

57. 坚持办事公道，要努力做到（　　）。

A. 公私不分　　B. 有求必应　　C. 公平公正　　D. 全面公开

58. 要做到办事公道，在处理公私关系时，要（　　）。

A. 公私不分　　B. 假公济私　　C. 公平公正　　D. 先公后私

59. 下面说法中正确的是（　　）。

A. 上班穿什么衣服是个人的自由

B. 服装价格的高低反映了员工的社会地位

C. 上班时要按规定穿整洁的工作服

D. 女职工应该穿漂亮的衣服上班

60. 符合文明生产要求的做法是（　　）。

A. 为了提高生产效率，增加工具损坏率

B. 下班前搞好工作现场的卫生

C. 工具使用后随手摆放

D. 冒险带电作业

61. 严格执行安全操作规程的目的是（　　）。

A. 限制工人的人身自由

B. 企业领导刁难工人

C. 保证人身和设备的安全以及企业的正常生产

D. 增强领导的权威性

62. 电工的工具种类很多，（　　）。

A. 只要保管好贵重的工具就行了

B. 价格低的工具可以多买一些，丢了也不可惜

C. 要分类保管好

D. 工作中，能拿到什么工具就用什么工具

63. 职业纪律是从事这一职业的员工应该共同遵守的行为准则，它包括的内容有（　　）。

A. 交往规则　　B. 操作程序　　C. 群众观念　　D. 外事纪律

64. 电气控制线路中指示灯的颜色与对应功能的按钮颜色一般是相同的。（　　）

A. 正确　　B. 错误

65. 低压断路器类型的选择依据是使用场合和保护要求。（　　）

A. 正确　　B. 错误

66. 控制变压器与普通变压器的工作原理相同。（　　）

A. 正确　　B. 错误

67. 控制两台电动机错时停止的场合，可采用（　　）时间继电器。

A. 通电延时型　　B. 断电延时型　　C. 气动型　　D. 液压型

68. 对于一般工作条件下的异步电动机，所用热继电器热元件的额定电流可选为电动机额定电流的（　　）倍。

A. 0.95~1.05　　B. 0.85~0.95　　C. 1.05~1.15　　D. 1.15~1.50

69. 压力继电器选用时首先要考虑所测对象的压力范围，还要符合电路中的额定电压，（　　），所测管路接口管径的大小。

A. 触头的功率因数　　B. 触头的电阻率

C. 触头的绝缘等级　　D. 触头的电流容量

70. C6150车床控制电路中有4个普通按钮。（　　）

A. 正确　　　　　　　　　　　　　B. 错误

71. C6150 车床主轴电动机只能正转不能反转时，应首先检修电源进线开关。（　）

A. 正确　　　　　　　　　　　　　B. 错误

72. Z3040 摇臂钻床冷却泵电动机的手动开关安装在工作台上。（　）

A. 正确　　　　　　　　　　　　　B. 错误

73. C6150 车床 4 台电动机都断相无法起动时，应首先检修电源进线开关。（　）

A. 正确　　　　　　　　　　　　　B. 错误

74. Z3040 摇臂钻床控制电路的电源电压为交流 11W。（　）

A. 正确　　　　　　　　　　　　　B. 错误

75. Z3040 摇臂钻床中摇臂不能升降的原因是液压泵转向不对时，应重接电源相序。（　）

A. 正确　　　　　　　　　　　　　B. 错误

76. M7130 平面磨床的控制电路由直流 220W 电压供电。（　）

A. 正确　　　　　　　　　　　　　B. 错误

77. Z3040 摇臂钻床的主轴电动机仅作单向旋转，由接触器 KM1 控制。（　）

A. 正确　　　　　　　　　　　　　B. 错误

78. 平面磨床的电磁吸盘无吸力时，首先要检查三相电源电压是否正常，再检查熔断器有无烧断、整流器输出电压是否正常、电磁吸盘线圈是否短路或开路等。（　）

A. 正确　　　　　　　　　　　　　B. 错误

79. C6150 车床的主电路中有三台电动机。（　）

A. 正确　　　　　　　　　　　　　B. 错误

80. C6150 车床主轴电动机转向变换由主令开关 SA2 来实现。（　）

A. 正确　　　　　　　　　　　　　B. 错误

81. 直流电动机结构复杂，价格贵，维修困难，但是起动、调速性能优良。（　）

A. 正确　　　　　　　　　　　　　B. 错误

82. 直流电动机起动时，励磁回路的调节电阻应该短接。（　）

A. 正确　　　　　　　　　　　　　B. 错误

83. 直流电动机起动时，励磁回路的调节电阻应该调到最大。（　）

A. 正确　　　　　　　　　　　　　B. 错误

84. 三相异步电动机的位置控制电路中一定有速度继电器。（　）

A. 正确　　　　　　　　　　　　　B. 错误

85. 多台电动机的顺序控制功能既可以在主电路中实现，也能在控制电路中实现。（　）

A. 正确　　　　　　　　　　　　　B. 错误

86. 三相异步电动机的转向与旋转磁场的方向相反时，工作在再生制动状态。（　）

A. 正确　　　　　　　　　　　　　B. 错误

87. 三相异步电动机能耗制动时，机械能转换为电能并消耗在（　）回路的电阻上。

A. 励磁　　　　　B. 控制　　　　　C. 定子　　　　　D. 转子

88. 直流电动机的转子由电枢铁心，电枢绕组、（　）、转轴等组成。

A. 接线盒　　B. 换向极　　C. 主磁极　　D. 换向器

89. 直流电动机弱磁调速时，转速只能从额定转速（　　）。

A. 降低为原来的 50%　　B. 开始反转

C. 往上上升　　D. 往下降

90. 三项异步电动机能耗制动的控制线路至少需要（　　）个按钮。

A. 2　　B. 1　　C. 4　　D. 3

91. 软起动器的一个重要功能是使笼型异步电动机高惯性负载满载起动。（　　）

A. 正确　　B. 错误

92. 交-直-交变频器主电路的组成包括：整流电路、滤波环节、制动电路、逆变电路。（　　）

A. 正确　　B. 错误

93. 在变频器实际接线时，控制电缆应靠近变频器，以防止电磁干扰。（　　）

A. 正确　　B. 错误

94. 变频调速性能优异、调速范围大、平滑性好、低速特性较硬，是绕线转子异步电动机的一种理想调速方法。（　　）

A. 正确　　B. 错误

95. 采用转速闭环矢量控制的变频调速系统，其系统主要技术指标基本上能达到直流双闭环调速系统的动态性能，因而可以取代直流调速系统。（　　）

A. 正确　　B. 错误

96. 变频器额定容量确切表明了其负载能力，是用户考虑能否满足电动机运行要求而选择变频器容量的主要依据。（　　）

A. 正确　　B. 错误

97. 软起动器的起动转矩比变频起动方式大。（　　）

A 、正确　　B. 错误

98. 软起动器的日常维护主要是设备的清洁、凝露的干燥、通风散热、连接器及导线的维护等。（　　）

A. 正确　　B. 错误

99. 笼型异步电动机起动时冲击电流大，是因为起动时（　　）。

A. 电动机转子绕组电动势大　　B. 电动机温度低

C. 电动机定子绕组频率低　　D. 电动机的起动转矩大

100. 基本频率是变频器对电动机进行恒功率控制和恒转矩控制的分界线，应按（　　）设定。

A. 电动机额定电压时允许的最小频率

B. 上限工作频率

C. 电动机的允许最高频率

D. 电动机的额定电压时允许的最高频率。

参 考 文 献

[1] 王兵. 维修电工实用技术手册 [M]. 南京：江苏科学技术出版社，2008.

[2] 王兆晶. 维修电工（中级）[M]. 2 版. 北京：机械工业出版社，2013.

[3] 王兆晶. 维修电工（初级）[M]. 2 版. 北京：机械工业出版社，2012.

[4] 杨清学. 电子产品组装工艺与实训 [M]. 北京：人民邮电出版社，2007.

[5] 姚丙申. 维修电工操作技能实训图解 [M]. 济南：山东科技出版社，2007.

[6] 王兰君，郭少勇. 新编电工实用线路 500 例 [M]. 郑州：河南科学技术出版社，2002.

[7] 曹金洪. 新编电工实用手册 [M]. 天津：天津科学技术出版社，2013.

[8] 力言. 现代电工实用技术 [M]. 北京：中国农业出版社，2014.

[9] 张振文. 电工手册 [M]. 北京：化学工业出版社，2018.

[10] 张伯虎. 经典电工电路 [M]. 北京：化学工业出版社，2019.

[11] 方大千. 电工控制电路图集（精华本）[M]. 北京：化学工业出版社，2015.

[12] 人力资源和社会保障部教材办公室. 维修电工（五级）[M]. 2 版. 北京：中国劳动社会保障出版社，2014.

[13] 田慕琴. 电工电子技术 [M]. 北京：机械工业出版社，2016.

[14] 王小宇. 电工技能与实训 [M]. 2 版. 北京：机械工业出版社，2015.

[15] 王俊峰. 电工维修一本通 [M]. 2 版. 北京：机械工业出版社，2011.

[16] 郎永强. 图解电工基础 [M]. 北京：机械工业出版社，2015.

[17] 蔡杏山. 学电工技术超简单 [M]. 北京：机械工业出版社，2016.

[18] 陈海波. 电工技能入门与突破 [M]. 北京：机械工业出版社，2014.

[19] 李方园. 电工电子技术简明教程 [M]. 北京：机械工业出版社，2013.

[20] 杨秀双，李刚. 维修电工职业技能 [M]. 北京：机械工业出版社，2013.